室内声场仿真

王海涛　曾向阳　编著

西北工業大學出版社

西　安

【内容简介】 室内声场仿真在建筑声学设计、舱室噪声控制等领域具有重要的支撑作用。本书以室内环境中的声场数值仿真为主线，全面介绍了扩散声场仿真算法、波动声场仿真算法、室内声学散射体仿真算法等内容，其中扩散声场仿真算法主要适用于中高频段的声场仿真，而波动声场仿真算法则适用于低频段的声场仿真。

本书既可以作为高等学校声学、水声工程、噪声控制、建筑声学和环境声学等专业的本科生、研究生教材，也可供声学工作者参考使用。

图书在版编目(CIP)数据

室内声场仿真 / 王海涛，曾向阳编著. — 西安：西北工业大学出版社，2022.8

ISBN 978-7-5612-8237-3

Ⅰ. ①室… Ⅱ. ①王… ②曾… Ⅲ. ①室内声场-计算机仿真 Ⅳ. ①TU112

中国版本图书馆 CIP 数据核字(2022)第 112609 号

SHINEI SHENGCHANG FANGZHEN

室 内 声 场 仿 真

王海涛 曾向阳 编著

责任编辑： 张 友 **策划编辑：** 雷 鹏
责任校对： 胡莉巾 **装帧设计：** 李 飞
出版发行： 西北工业大学出版社
通信地址： 西安市友谊西路 127 号 邮编：710072
电 话： (029)88491757，88493844
网 址： www.nwpup.com
印 刷 者： 西安真色彩设计印务有限公司
开 本： 710 mm×1 000 mm 1/16
印 张： 8.125
字 数： 168 千字
版 次： 2022 年 8 月第 1 版 2022 年 8 月第 1 次印刷
书 号： ISBN 978-7-5612-8237-3
定 价： 58.00 元

前　言

现实生活中，人们总是不可避免地处于各种声环境之中，其中又以室内声环境居多，例如既有居室、办公室等较大的场所，也有飞机、潜艇、汽车舱室等较小的空间。为营造良好的声学环境，在这些室内空间的设计阶段或者是建造阶段，对其内部声场进行建模分析是十分必要的。熟练掌握各类室内声场仿真方法，在此基础上娴熟使用各类声学仿真软件是理解声学基础知识、锻炼实践动手能力、掌握室内声场设计及分析方法的重要手段。

本书侧重于室内环境中的声场仿真，重点面向声学、水声工程、噪声控制、建筑声学和环境声学的本科专业，同时也可作为有关专业的研究生教材和广大声学工作者的参考书。本书分为4章：第1章介绍了与室内声场仿真有关的基础知识，如声学基础与室内声场形成等相关知识；第2章、第3章分别介绍了适用于中高频的扩散声场仿真算法以及适用于低频的波动声场仿真算法；第4章介绍了室内环境中常见的散射结构的仿真算法。

本书的主要特色如下：

(1)内容广泛、系统性强。针对室内环境中的声场仿真计算问题，介绍了适用于不同频段的多种方法来完成不同任务、不同环境条件下的声场仿真问题。例如，在低频段，通常使用以有限元法为代表的波动声场仿真方法，而在中高频段，可以使用以声线跟踪法为代表的几何声场仿真方法，也可使用统计能量分析方法。通过这些知识，读者可以对室内环境中的声场仿真有更宏观、更全面的了解。

(2)内容新颖、反映最新发展动向。近年来，室内声场仿真技术的发展突飞猛进，新的仿真方法和仿真软件不断涌现。为尽量反映这种发展变化，本书的编写增强了对最新发展技术的跟踪，例如无网格法等，使得读者在学习基础知识的同时，能够把握本领域发展的动向，并且掌握一定的前沿知识。

本书的编写分工如下：王海涛负责第1章、第3章和第4章的撰写工作，曾向阳负责第2章的撰写工作。

在本书的撰写过程中，得到了课题组雷烨、任树伟的大力帮助与支持，并参考了相关文献，在此表示衷心感谢。

本书的出版还要特别感谢西北工业大学航海学院水声工程专业教师、历届本科生、研究生，他们在本书的讲义使用及本书的撰写过程中提出了大量的宝贵意见，使本书质量得以大幅度提升。

笔者虽竭尽全力，但书中疏漏仍在所难免，希望读者不吝指正，并对本书进一步的修改和完善提出宝贵意见。

编著者

2022 年 2 月

目　　录

第1章　室内声学仿真基础概述

1.1　室内声学问题及主要特点

现实生活中，人们大部分时间是在各种室内环境中度过的，例如，人们生活的居室、工作场所，音乐厅、歌剧院等观演场所，以及飞机、舰船、火车等机动体的内部舱室，等等。由于听觉是人类获取外界信息的重要途径，也是人体最灵敏的感觉功能，因此，对室内环境中的声学问题展开研究对于提高室内音质、促进听觉舒适性以及开展更高阶的工程应用都具有重要的意义。

从几何属性来看，室内环境通常属于封闭或半封闭类型的空间，其内部声波的传播与自由场环境有着巨大的差别。在室内环境中，声源发出声波后，因为墙壁、地面、天花板和其他反射体及吸声体的存在，声波在传播过程中会发生吸收、反射、散射、透射及衍射等效应，接收点实际接收到的声信号可以描述为原始声信号通过多径传播后的余量。而且，室内壁面材料往往在高频处有较大的吸声系数，这样就导致室内环境通常具有较为明显的低通滤波作用。这些效应会导致室内环境中的声学特性与自由场环境存在很大的不同，因此对室内环境中的某些声学问题来说，传统的基于自由场的处理方法就会出现较大偏差乃至失效，此时需要专门针对室内环境的声学分析方法进行相关分析。

对于室内声场的研究可以利用理论分析、实验测量、数值仿真等三类科学方法来完成。其中理论分析是最严格的方法，指利用各类严格的声学理论来实现对室内声场的分析，但在实际应用中，由于边界条件通常较为复杂，对于声场的求解常无法以解析的形式实现。实验测量也是一类常用的科学研究方法，它具有结果准确、直观等特点，但是对于室内声场的实验来说，常需要较多的声学传感器以及采集设备来完成，需要较高的实验条件，也需要耗费一定的人力、物力。随着计算机硬件以及各类仿真算法技术的不断发展，数值仿真技术已经越来越多地作为一类科学方法在各个自然科学领域中得到应用。由于计算机辅助建模、计算、可视化等多方面的支持，数值仿真具有使用简便、效率高等特点。对于室内声场的计算分析来说，数值仿真同样是一种非常重要的研究手段，它可以在不耗费大量人力、物力的前提下对一个具有复杂边界的声场进行仿真求解。虽然目前已经有一些商用室内声场分析软件，通过较为简便的设置即可完成对目标声场的仿真计算，但是，了解这些软件背后的算法对于理解声场仿真的理论，从而提高仿真设置的准确性具有重要的意义。本书将对室内声场仿真中的基础算法进行介绍。

1.2 声学基础理论回顾

本节介绍声波的产生、传播、效应等方面的内容，这些内容是后续章节中室内声场仿真相关理论的基础。

1.2.1 声波及其产生机理

声波源于物体振动，例如，人的语音来源于喉内声带的振动，扬声器发声来源于纸盆的振动，机械噪声来源于机器部件的振动，等等。凡是发出声音的物体都可称为声源。声源不一定是固体，液体和气体同样可能由于振动而发声，例如波涛声和汽笛声就是由流体振动产生的。

声音是听觉系统对声波的主观反应，而声波来源于声源诱发的振动在媒质中的传播。因此，产生声波的必要条件是声源和媒质(空气、水等)。真空中没有媒质存在，因而在真空中不能传播声音。声波在媒质中向四面八方的传播，只是媒质振动的传播过程，媒质本身并没有向四周运动，它只是在其平衡位置附近来回地振动，而所传播出去的是物质的运动形态，这种运动形态叫波动。声音是机械振动的传播，所以这种传播过程是一种机械性质的波动，故而称为声波。

以科学的方法研究物体振动及其辐射声波始于17世纪伟大的科学家伽利略。从1638年起，他深入研究了单弦振动和发声的关系；他提出了频率的概念(当时称之为振动数)，研究了同样调谐的弦间共振现象，与11世纪我国北宋科学家沈括定义的应声极为相似；他还得到了音调与弦长有关的结论。之后，不少人对弦的振动做了大量的工作。1660年，物理学中著名的弹性定律的发现者胡克试图获得音调与频率之间的关系，他发明了现在还常用于教学演示的用齿轮在纸边转过以确定频率高低的方法。对音调和频率的关系进行彻底研究的是法国科学家索沃，他还发现了拍音，并提出了“acoustics(声学)”这个术语(中文“声学”是沈括提出的)。无穷级数发明者、英国著名数学家泰勒于1713年第一次求得弦振动的初步解析解，只有基频，这也是牛顿运动方程 $F=ma$ 第一次用于连续介质中质点的运动。由于当时缺乏偏微分方程的求解工具，没有得到弦的全解。后来，伯努利、达朗贝尔和欧拉完成了这方面的工作。

1734—1735年，欧拉和伯努利研究了棒的振动，后来瑞利对他们的方法进行改进，得到了四阶偏微分方程，并发表于其著作《声的理论》中。1759年，拉格朗日(意大利科学家)研究了风琴管和其他管乐器的发声。板的振动比较难解，早在

1787 年，德国科学家克拉尼发表他的克拉尼图形时，就把沙撒到振动着的板上显示其波节，观者都赞叹其美丽多变，但一直到 1850 年，板的振动求解问题才由基尔霍夫完成。在研究弦的振动时，18 世纪的数学家不能接受多个频率的振动可以叠加的理论。1822 年发表的傅里叶级数解决了这个问题，其意义极为深远。

人的发声系统很晚才受到物理学家的注意。英国惠斯通（阻抗电桥的发明者）提出发原音的谐音理论。他认为声带振动发出基音和大量的谐音，气流带其经过口腔时，被振动加强。英国维李斯提出另一理论，认为气流通过声带成为一股一股的喷气，喷气进入口腔激发其共振而形成声。亥姆霍兹在 1862 年发表的伟大声学著作《音的感知》中用共鸣器对此做了透彻的研究，并且判断两种发声理论各有其合理之处，这已被后来的研究所证明。

1.2.2　室内声场的形成

室内声场的形成与自由场有很大的区别，主要在于声源所发出的声波在室内传播时，会受到房间壁面、内部障碍物、人员等因素的干扰而发生吸声、反射等作用，各个方向上传播的声波也有可能发生叠加现象。在各类因素中，壁面、障碍物对声波的反射作用是一个需要在室内声学研究中特别注意的方面。声波在不同特性的界面上将产生不同类型的声学现象，最基本的几种如下：

当声波入射到一个尺寸较大（与波长相比）的刚性光滑界面上时，将发生镜面反射，如图 1－1(a)所示；当声波入射到一个尺寸较大（与波长相比）的非光滑界面上时，除了部分发生镜面反射外，大部分将以非镜面反射（散射）的形式出现，如图 1－1(b)所示；当声波入射到一个具有吸收特性的界面上时，部分声能将被界面吸收并最终转化为热能，如图 1－1(c)所示；当声波入射到一个厚度小或有透声性能的界面上时，部分声能将透过界面传入相邻的环境中，如图 1－1(d)所示；当声波入射到一个尺寸较小（与波长相比）的界面上时，除了发生前述的现象外，还将产生衍射，即一部分声能可以传入被界面挡住的区域，如图 1－1(e)所示。对于各种封闭结构而言，内部一般都存在一定量的形状不一的物体，它们与封闭结构的界面一起对声波的传播过程产生十分复杂的影响，镜面反射、散射、透射、吸收、衍射、干涉等声学现象几乎都同时存在，如图 1－1(f)所示。这些基本声学现象所占的相对比例取决于界面的形状厚度、表面光滑程度、材料的吸收和透射性能等因素。它们的综合效应是，使不同结构的封闭空间内部的声能分布呈现出时间和空间上的差异性，从而导致相同声源产生的听感有明显的区别。为了描述这种差异性，人们引入了混响和扩散这两个概念。它们是影响室内声场中音质的两个最关键的物理现象，也是室内声场区别于其他类型声场的典型特征。

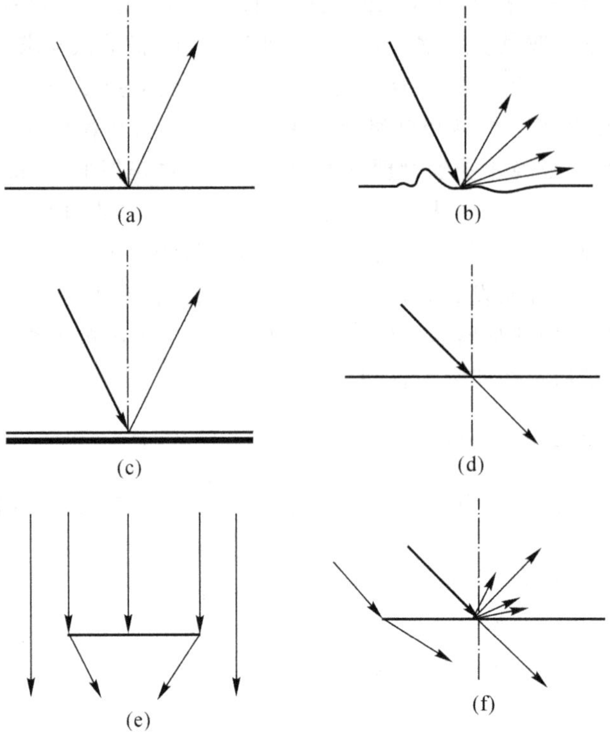

图 1-1　声波在界面处发生的各类作用

1.2.3　室内声学参数

1. 声压

定量描述声波的基本物理量是声压，它是媒质受扰动后产生的逾量压强，是空间位置和时间的函数，单位是压强的单位 Pa，1 Pa=1 N/m^2。

声场中某一瞬时的声压值称为瞬时声压，在一定时间间隔内最大的瞬时声压为峰值声压。一定时间间隔内，瞬时声压对时间取均方根值称为有效声压，即

$$p_e = \sqrt{\frac{1}{T}\int_0^T p^2 \mathrm{d}t} \tag{1-1}$$

式中：T 代表平均时间间隔。

介质质点速度是求声能量所必需的参量，它是一个矢量。已知声压，可以由运动方程求出质点速度，即

$$\boldsymbol{v} = -\frac{1}{\rho_0}\int \mathrm{grad}p\mathrm{d}t \tag{1-2}$$

在 x 轴方向，有

$$v_x = -\frac{1}{\rho_0}\int \frac{\partial p}{\partial x}\mathrm{d}t \tag{1-3}$$

描述声压的基本参量是幅度、相位、频率、波长等。例如，一列纯音声波，在数学上可以表示为 $p=p_a\sin(\omega t+\phi)$，则 p_a 是该声波的幅度，$\omega=2\pi f=2\pi/T$ 为角频率，f 为频率，T 为周期，ϕ 为相位。

一个周期内声波的长度称为波长，它与频率成反比，满足 $\lambda=c_0/f$，其中 c_0 是声波传播的速度。声速是各种声学问题研究中一个十分重要的参数。1635 年，法国科学家伽桑狄用枪声做了声速的测量，假设发枪的火花传播不需要时间，得到的声速是 478.4 m/s。法国数学家梅森认为这个值太高，对枪声测试做了认真分析，重复了试验，得到的声速值为 450 m/s。还有很多人重复了该试验。1738 年，法国科学院组织了大气中(无风时)的声速测量，用加农炮声得到的结果折合到 0℃ 时声速是 322 m/s。现代声速的常用值是(331.45 ± 0.05) m/s。当然，声速并不是一个固定值，它受到媒质特性(如空气温度、风速等)的影响而变化，不同媒质中声速不同，如水中声速远大于空气中声速。

2. 声能量与声能密度

在一个足够小的体积元内，体积、压强和密度分别记为 V_0，p_0，ρ_0，当受到声扰动时，该体积元压强升高量为 p，则声扰动的能量为动能和势能之和，有

$$\Delta E=\Delta E_k+\Delta E_p=\frac{V_0}{2}\rho_0\left(v^2+\frac{1}{\rho_0^2c_0^2}p^2\right) \tag{1-4}$$

单位体积里的声能量称为声能密度，其表达式为

$$\varepsilon=\frac{\Delta E}{V_0}=\frac{1}{2}\rho_0\left(v^2+\frac{1}{\rho_0^2c_0^2}p^2\right) \tag{1-5}$$

以上方程对所有形式的声波都成立，具有普遍意义。对于平面波，有

$$\Delta E=V_0\frac{p_a^2}{\rho_0c_0^2}\cos^2(\omega t-kx) \tag{1-6}$$

单位体积里的平均声能量为平均声能密度，有

$$\bar{\varepsilon}=\frac{\overline{\Delta E}}{V_0}=\frac{p_a^2}{2\rho_0c_0^2}=\frac{p_e^2}{\rho_0c_0^2} \tag{1-7}$$

3. 声功率与声强

单位时间内通过垂直于声传播方向面积 S 的平均声能量称为平均声功率或平均声能量流，它与平均声能密度的关系是

$$\overline{W}=\bar{\varepsilon}c_0S \tag{1-8}$$

单位面积上的平均声功率称为声强，有

$$I=\frac{\overline{W}}{S}=\bar{\varepsilon}c_0 \tag{1-9}$$

求声强的另一种方法是

$$I=\frac{1}{T}\int_0^T \mathrm{Re}(p)\mathrm{Re}(v)\mathrm{d}t \tag{1-10}$$

声强的单位为 W/m^2。需要特别注意的是，声强是一个矢量，它表示声场中声能量流的运动方向。

4. *声压级、声强级和声功率级*

直接应用声压、声功率等描述实际生活中的各种声音，其数值变化范围非常宽，而用对数标度以突出数量级的变化则相对明了。另外，人耳对声音的接收，并不是正比于强度的绝对值，而是更近于正比于其对数值。因此，在声学中普遍使用对数标度来量度声压、声强、声功率等声学参量，分别称为声压级、声强级和声功率级，单位用分贝(dB)表示。

声压级的符号为 L_p，其定义为：将待测声压的有效值 p_e 与参考声压 p_r 的比值取以 10 为底的常用对数，再乘以 20，即

$$L_p=20\lg\frac{p_e}{p_r} \tag{1-11}$$

在空气中，参考声压 $p_r=2\times10^{-5}$ Pa，这个数值是正常人耳对 1 kHz 声音刚刚能够觉察到的最低声压值。也就是说，低于这一声压值，一般人耳就不能觉察到此声音的存在了，亦即听阈声压级为 0 dB。式(1-11)也可以写为

$$L_p=20\lg p_e+94 \tag{1-12}$$

人耳的感觉特性，从可听阈的 2×10^{-5} Pa 的声压到痛阈的 20 Pa，两者相差 100 万倍，而用声压级来表示则变化为 0～120 dB 的范围，使声音的量度大为简明。由此可以看出，声压值增大 10 倍相当于声压级增加 20 dB，声压值增大 100 倍相当于声压级增加 40 dB。一般微风轻轻吹拂树叶的声音约为 14 dB，在房间中高声谈话(相距 1 m 处)约为 68～74 dB，飞机强力发动机的声音(5 m 远)约 140 dB。当一个声音比另一声音的声压大 1 倍时，声压级增加约 6 dB，一般人耳对于声音强弱的分辨能力约为 0.5 dB。

声强级 L_I 的定义为：待测声强 I 与参考声强 I_0 的比值取以 10 为底的常用对数，再乘以 10，即

$$L_I=10\lg\frac{I}{I_0} \tag{1-13}$$

在空气中，参考声强 I_0 取 10^{-12} W/m^2，它是与空气中参考声压 $p_r=2\times10^{-5}$ Pa 相对应的声强。这样式(1-13)又可写成

$$L_I\approx10\lg I+120 \tag{1-14}$$

式中：

$$I=\frac{p^2}{\rho_0 c_0} \tag{1-15}$$

其中：$\rho_0 c_0$ 是空气的特性阻抗。

在计算参考声强时，如果空气特性阻抗取值为 400 N·s/m³，代入式(1－13)，有

$$L_I = 10\lg\frac{I}{I_0} = 10\lg\left(\frac{p^2}{\rho_0 c_0}\times\frac{400}{p_0^2}\right) = L_p + 10\lg\frac{400}{\rho_0 c_0} = L_p + \Delta L_p \tag{1-16}$$

大多数情况下，$\Delta L_p = 10\lg(400/\rho_0 c_0)$ 的值很小，因此，声压级 L_p 近似等于声强级 L_I。例如，空气中在一个大气压下，0℃ 时，$\rho_0 c_0 = 428$ N·s/m³，$\Delta L_p = -0.29$ dB；20℃ 时，$\rho_0 c_0 = 415$ N·s/m³，$\Delta L = -0.16$ dB。可见，都可以认为 $L_p \approx L_I$。

声功率也可用“级”来表示，称为声功率级，其定义为

$$L_W = 10\lg\frac{W}{W_0} \tag{1-17}$$

这里 W 是指声功率的平均值 $\overline{W}$。对于空气媒质，参考声功率 $W_0 = 10^{-12}$ W，这样式(1－17)可写为

$$L_W = 10\lg\overline{W} + 120 \tag{1-18}$$

由式(1－9)的声强与声功率的关系，以及空气中声强级近似地等于声压级，可得

$$L_p \approx L_I = 10\lg\left[\frac{\overline{W}}{S}\cdot\frac{1}{I_0}\right] \tag{1-19}$$

将 $I_0 = 10^{-12}$ W/m² 代入式(1－19)，便得到

$$L_p \approx L_I = L_W - 10\lg S \tag{1-20}$$

这就是空气中声强级、声压级与声功率级之间的关系。

需要注意的是，式(1－20)应用的条件必须是自由声场，即除了声源发声外，其他声源的声音和反射声的影响均应小到可以忽略的程度。在自由场和半自由场中测量机器噪声辐射声功率的方法就是基于上述理论。

以上介绍了一些基础的声学参数。除了这些常见参数之外，在室内声学中还有一些较为专用的声学参数，下面也进行介绍。

5. 混响时间

封闭空间中从声源发出的声能量，在传播过程中由于不断被壁面吸收而逐渐衰减，声波在各个方向来回反射而又逐渐衰减的现象就称为封闭空间内的混响。用混响时间这个量来描述室内声音衰减的快慢。在物理上，它定义为在扩散声场中，当声源停止后从初始的声压级降低 60 dB(相当于平均声能密度降为$1/10^6$)所需的时间，用符号 T_{60} 来表示。根据上述定义，可以得到混响时间的计算公式：

$$T_{60} = 0.161\times\frac{V}{-S\ln(1-\bar{\alpha})} \tag{1-21}$$

式(1－21)称为赛宾公式。式中：V 为封闭空间体积；S 为封闭空间的表面积；$\bar{\alpha}$ 为封闭空间的平均吸声系数。

赛宾公式是一个求解混响时间的经验公式，只能对混响时间进行估算。若想

得到更为准确的混响时间数据，应严格根据其定义利用能量衰减曲线进行计算。得到能量衰减曲线通常有两种方法：声源切断法和脉冲响应积分法。声源切断法是直接测量声压级的衰变曲线，计算出混响时间。这种方法一般需要重复测量多次，因为声衰减过程不可避免地会产生瞬时起伏。脉冲响应积分法只需要一次测量即可获得能量衰减曲线，因为积分与群体平均是等效的，其思路为，先测量声场的脉冲响应，再根据积分求解能量衰减曲线，最后根据声能衰减斜率计算混响时间。声能衰减曲线的求解公式为

$$E(t)=\int_t^{\infty} p^2(t)\mathrm{d}t \tag{1-22}$$

式中：$p(t)$ 为测量得到的声压脉冲响应函数。

混响时间的长短是判断封闭声学结构，特别是大型建筑内音质特点的一个重要依据。混响时间适宜的建筑内，一般认为声音有混响感，丰满而有力。如果混响时间过长，给人的感觉是回声很强，声音的清晰度会受到影响；如果混响时间过短，则声音显得干涩、不饱满。因此，对于不同功能的声学结构，在设计时应当选择最符合其功能需要的混响时间。大多数情况下，最佳混响时间的取值范围是 0.03 ～ 5 s。

6. 中心时间

为了描述封闭声场内的语言可懂度，库勒提出了中心时间这一概念。得到声能衰减函数 $E(t)$ 后，中心时间可按照下式计算：

$$T_s=\frac{\int_0^{\infty} tE(t)\mathrm{d}t}{\int_0^{\infty} E(t)\mathrm{d}t} \tag{1-23}$$

从研究结果来看，语言可懂度是随着中心时间的延长而呈现下降趋势的。

7. 清晰度

对于一般的建筑，特别是语言类用途的建筑，声音的清晰度是非常关键的。与之相关的客观指标包括音节清晰度、语言传输指数、清晰度和明晰度等，其中，应用比较普遍的是清晰度和明晰度两个指标。这两个指标主要用于描述封闭声场内反射声的重要成分（也包括直达声）与其他反射声之间的关系。通常，这些重要成分是指 50 ms 或 80 ms 以内的反射声。

清晰度的概念是由蒂勒提出的，其定义为

$$D=100\%\times\frac{\int_0^{50} E(t)\,\mathrm{d}t}{\int_0^{\infty} E(t)\,\mathrm{d}t} \tag{1-24}$$

式中：$E(t)$ 是能量衰减函数。

这一指标的含义是要用一个类似于“级”的定义方式，将前 50 ms 内的反射能

量、直达声与其余时间内的能量进行比较。博尔研究了该指标与语言可懂度之间的关系，得出的结论是：二者之间确实存在明显的相关性（D 越大，对可懂度越有利）。

8. 明晰度

为了评价声场中的前、后期声能的关系，雷查特等在 1973 年引入了一个参量——明晰度：

$$C_{t_e} = 10\lg \frac{\int_0^{t_e} E(t)\,\mathrm{d}t}{\int_0^{\infty} E(t)\,\mathrm{d}t} \tag{1-25}$$

式中：$t_e = 50$ ms 或 80 ms，前者适于语言声，后者更适合于音乐声。

例如，当 $t_e = 80$ ms 时，反映的是前 80 ms 内的声能与剩余时间内声能的关系。研究表明，$C_{80} = 0$ 就表示主观明晰度感觉是满意的。该参量一般应该在 $-5 \sim 3$ 之间取值。目前，明晰度已被越来越多的研究者接受，特别是在音乐厅和剧院的声学设计与分析中得到了认可。

不难证明，C_{50} 和清晰度 D_{50} 存在着定量的关系，即

$$C_{50} = 10\lg \frac{D_{50}}{1 - D_{50}} \tag{1-26}$$

9. 声场力度

声压级等描述能量分布的指标可以较好地反映封闭空间内的声场分布情况，但并不能直接反映声源的特性。为此，引入了另一个参量——声场力度 G，其定义为

$$G = 10\lg \frac{\int_0^{\infty} p^2(t)\,\mathrm{d}t}{\int_0^{\infty} p_{10\mathrm{m}}^2(t)\,\mathrm{d}t} \tag{1-27}$$

式中：$p(t)$ 是某声源在实际空间中某点处的瞬时声压，而 $p_{10\mathrm{m}}$ 则是该声源在自由场（消声室）中距 10 m 处测得的瞬时声压。

10. 早期侧向反射声能比

在对声场空间感的研究中，侧向反射的重要性得到了认同，并用早期侧向反射声能比 LEF 描述，其定义为

$$\mathrm{LEF} = \frac{\int_5^{80} p_{\mathrm{L}}^2(t)\,\mathrm{d}t}{\int_0^{80} p^2(t)\,\mathrm{d}t} \tag{1-28}$$

式中：$p_{\mathrm{L}}(t)$ 指的是用“8”字形麦克风测量的声压级。

巴伦通过研究发现，在 $5 \sim 80$ ms 的范围内，LEF 与入射声能，以及入射声方向与人耳夹角的余弦 $\cos\phi$ 成比例。因此就有

$$\mathrm{LEF}=\frac{\int_{5}^{80}[p(t)\cos\phi]^{2}\mathrm{d}t}{\int_{0}^{80}p^{2}(t)\,\mathrm{d}t} \tag{1-29}$$

1.2.4 波动方程与声传播规律

在声场中，描述声场时间、空间变化规律和相互联系的数学方程为波动方程，它是各种声学理论研究的基础。为了使研究的问题得到简化，这里仅讨论小振幅声波的情况，相应的波动方程称为线性波动方程。推导该方程的前提条件是，媒质不存在黏滞性，媒质在宏观上是均匀的、静止的，声波在媒质中的传播为绝热过程。

1. *波动方程*

声波的扰动要满足的三个基本物理定律：牛顿第二定律、质量守恒定律、物态方程。由此可以得到理想流体媒质中的三个基本方程：运动方程、连续性方程和物态方程。在一维空间(如 x 轴方向)，这三个方程分别为

$$\rho\frac{\mathrm{d}v}{\mathrm{d}t}=-\frac{\partial p}{\partial x} \tag{1-30}$$

$$-\frac{\partial(\rho v)}{\partial x}=\frac{\partial\rho}{\partial t} \tag{1-31}$$

$$\mathrm{d}p_0=c^2\mathrm{d}\rho \tag{1-32}$$

式中：p，v，ρ 分别为声场中某一体积元由声扰动引起的声压、质点振速和媒质密度；p_0 为体积元的压强；c 表示压强和密度微小增量的比值。

小振幅声波满足如下条件：① 声压远小于媒质中的静态压强；② 媒质质点振速远小于声波的传播速度；③ 质点位移远小于声波波长；④ 媒质密度增量远小于静态密度。自然界中的绝大多数声波可归为小振幅声波，它是线性声学研究的对象。

在一维空间中，对于小振幅声波，略去二级以上微量，上述三个方程分别可以进一步简化为如下形式的线性方程：

$$\rho_0\frac{\partial v}{\partial t}=-\frac{\partial p}{\partial x} \tag{1-33}$$

$$-\rho_0\frac{\partial v}{\partial x}=\frac{\partial\rho'}{\partial t} \tag{1-34}$$

$$p=c_0^2\rho' \tag{1-35}$$

式中：ρ_0，c_0 为没有声扰动时媒质的密度和声波的传播速度；ρ' 为密度增量。

式(1-33)～式(1-35)中的任意两个变量，如质点振速和媒质密度变量，剩下的两个式子分别对 x 和 t 求导，整理后可以得到

$$\frac{\partial^2 p}{\partial x^2}=\frac{1}{c_0^2}\frac{\partial^2 p}{\partial t^2} \tag{1-36}$$

这就是一维声场中的波动方程。

在三维空间中,式(1-33) ～ 式(1-35) 可以推广表示为如下形式:

$$\rho_0\frac{\partial \boldsymbol{v}}{\partial t}=-\mathrm{grad}p \tag{1-37}$$

$$-\mathrm{div}(\rho_0\boldsymbol{v})=\frac{\partial \rho'}{\partial t} \tag{1-38}$$

$$p=c_0^2\rho' \tag{1-39}$$

式中:

$$\mathrm{grad}p=\frac{\partial p}{\partial x}\boldsymbol{i}+\frac{\partial p}{\partial y}\boldsymbol{j}+\frac{\partial p}{\partial x}\boldsymbol{k},\mathrm{div}(\rho_0\boldsymbol{v})=\frac{\partial(\rho v_x)}{\partial x}+\frac{\partial(\rho v_y)}{\partial y}+\frac{\partial(\rho v_z)}{\partial z}$$

由此可以导出三维波动方程为

$$\nabla^2 p=\frac{1}{c_0^2}\frac{\partial^2 p}{\partial t^2} \tag{1-40}$$

式中:∇^2为直角坐标系中的拉普拉斯算子,有

$$\nabla^2=\mathrm{div}(\mathrm{grad}p)=\frac{\partial^2}{\partial x^2}+\frac{\partial^2}{\partial y^2}+\frac{\partial^2}{\partial z^2}$$

2. 声波的吸收、反射与折射

在同一媒质中,声波的能量会由于媒质的吸收而逐渐衰减。通常利用吸声系数 α 来描述各种材料(结构) 的吸声能力,将其定义为材料(结构) 吸收的声能(含透射声能) 与入射到材料(结构) 声能的比值。用公式可以表示为

$$\alpha=\frac{E_a}{E_i}=\frac{E_i-E_r}{E_i}$$

式中:E_i,E_a,E_r 分别表示入射声能、被吸收声能和反射声能。

吸声系数不仅与材料的性质有关,也与入射角度和频率有重要的关系。这方面的详细知识可以查阅其他声学书籍。

空气作为最典型的传声媒质,其吸收作用主要取决于空气的相对湿度和声波的频率。在常温下,湿度越大,空气吸声影响反而越小;而声波频率越高,吸收作用越明显。

若设空气中的声强吸收系数为 2ξ,声波初始能量为 W_i,在空气中传播时间 t 后,能量便衰减为 $W_i e^{-2\xi \cdot ct}$,空气对声能的这种吸收作用相当于一个低通滤波器,如图 1-2

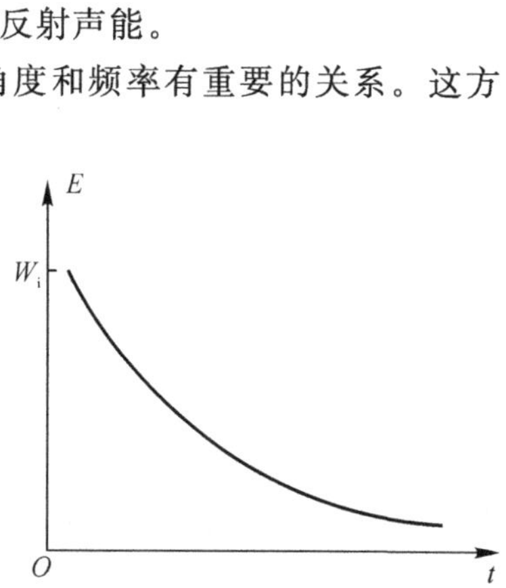

图 1-2　空气对声能的吸收作用

所示。

在声波传播过程中，还可能遇到各种各样的障碍物，它们会对声波的能量及其传播方式产生影响。声波在两种媒质的分界面上会发生反射、透射(对垂直入射声波)和折射(对斜入射声波)现象。要获得入射波、反射波、透射波和折射波之间的定量关系，需要用到边界条件。在无限大的分界面上，有两种声学边界条件，它们是声压连续条件和法向质点振速连续条件，表达式为

$$p_1 = p_2 \tag{1-42}$$

$$v_1 = v_2 \tag{1-43}$$

式中：p，v 分别为分界面上的声压和质点振速，下标 1 和 2 分别表示媒质 1 和媒质 2。

对于一维斜入射平面波问题，入射波声压和质点振速分别为

$$p_{\mathrm{i}} = p_{\mathrm{ia}} \mathrm{e}^{\mathrm{j}(\omega t - k_1 x\cos\theta_{\mathrm{i}} - k_1 y\sin\theta_{\mathrm{i}})} \tag{1-44}$$

$$v_{\mathrm{ix}} = -\frac{\cos\theta_{\mathrm{i}}}{\rho_1 c_1} p_{\mathrm{i}} \tag{1-45}$$

反射波声压和质点振速分别为

$$p_{\mathrm{r}} = p_{\mathrm{ra}} \mathrm{e}^{\mathrm{j}(\omega t + k_1 x\cos\theta_{\mathrm{r}} - k_1 y\sin\theta_{\mathrm{r}})} \tag{1-46}$$

$$v_{\mathrm{rx}} = -\frac{\cos\theta_{\mathrm{r}}}{\rho_1 c_1} p_{\mathrm{r}} \tag{1-47}$$

在媒质另一侧的透射波声压和质点振速分别为

$$p_{\mathrm{t}} = p_{\mathrm{ta}} \mathrm{e}^{\mathrm{j}(\omega t - k_2 x\cos\theta_{\mathrm{t}} - k_2 y\sin\theta_{\mathrm{t}})} \tag{1-48}$$

$$v_{\mathrm{tx}} = -\frac{\cos\theta_{\mathrm{t}}}{\rho_2 c_2} p_{\mathrm{t}} \tag{1-49}$$

在分界面上，有以下边界条件：

$$p_{\mathrm{i}} + p_{\mathrm{r}} = p_{\mathrm{t}} \tag{1-50}$$

$$v_{\mathrm{ix}} + v_{\mathrm{rx}} = v_{\mathrm{tx}} \tag{1-51}$$

由此可以获得声波反射与折射定律：

$$\theta_{\mathrm{i}} = \theta_{\mathrm{r}} \tag{1-52}$$

$$\frac{\sin\theta_{\mathrm{i}}}{\sin\theta_{\mathrm{t}}} = \frac{k_2}{k_1} = \frac{c_1}{c_2} \tag{1-53}$$

在有些研究领域，如建筑声学仿真研究中，界面反射还常常进一步区分为镜面反射和散射。

3. *声波的干涉*

设有两列同频率、相差固定的平面声波：

$$\left.\begin{aligned} p_1 &= p_{1\mathrm{a}}\cos(\omega t - \varphi_1) \\ p_2 &= p_{2\mathrm{a}}\cos(\omega t - \varphi_2) \end{aligned}\right\} \tag{1-54}$$

合成声场的声压为

$$p = p_a \cos(\omega t - \varphi) \tag{1-55}$$

式中：

$$p_a^2 = p_{1a}^2 + p_{2a}^2 + 2p_{1a}p_{2a}\cos(\varphi_2 - \varphi_1) \tag{1-56}$$

$$\varphi = \arctan \frac{p_{1a}\sin\varphi_1 + p_{2a}\sin\varphi_2}{p_{1a}\cos\varphi_1 + p_{2a}\cos\varphi_2} \tag{1-57}$$

合成声场的平均声能密度为

$$\bar{\varepsilon} = \bar{\varepsilon}_1 + \bar{\varepsilon}_2 + \frac{p_{1a}p_{2a}}{\rho_0 c_0^2}\cos\psi \tag{1-58}$$

由式(1－58)可以看出，两列声波叠加后的平均声能密度出现极大、极小相互交错的现象，称为声波干涉现象。对于不同频率的两列固定相差声波，有

$$\bar{\varepsilon} = \bar{\varepsilon}_1 + \bar{\varepsilon}_2 \tag{1-59}$$

对于具有相同频率的两列相位随机变化的声波，有

$$\left.\begin{aligned} p_1 &= p_{1a}\cos(\omega t - \varphi_1) \\ p_2 &= p_{2a}\cos(\omega t - \varphi_2) \end{aligned}\right\} \tag{1-60}$$

合成声场的声压为

$$p = p_a \cos(\omega t - \varphi) \tag{1-61}$$

式中：

$$p_a^2 = p_{1a}^2 + p_{2a}^2 + 2p_{1a}p_{2a}\cos(\varphi_2 - \varphi_1) \tag{1-62}$$

$$\varphi = \arctan \frac{p_{1a}\sin\varphi_1 + p_{2a}\sin\varphi_2}{p_{1a}\cos\varphi_1 + p_{2a}\cos\varphi_2} \tag{1-63}$$

合成声场的平均声能密度为

$$\bar{\varepsilon} = \bar{\varepsilon}_1 + \bar{\varepsilon}_2 \tag{1-64}$$

对于多列这样的声波，有

$$p_e^2 = p_{1e}^2 + p_{2e}^2 + \cdots + p_{ne}^2 \tag{1-65}$$

在实际的场合中，多人讲话发出的声音、多台机器发出的噪声、不同车辆发出的交通噪声的叠加都可以看作无规相位声波的叠加。

1.2.5　声波的主观感知与声学效应

1. 声波的主观感知

声波的接收包括主观感知和机器接收两方面。人的听觉灵敏度和视觉灵敏度都是很惊人的。正常听阈是 10^{-12} W/cm^2，如果人耳鼓膜的平均面积是 0.66 cm^2，则人耳能感觉到的声波是 6.6×10^{-17} W，该声音持续响 0.1 s 即可被人耳感知，对应的声能量是 6.6×10^{-18} J。

人耳听觉问题引起了很多科学家的注意，人们对听觉频率范围开展了大量研究。法国科学家萨瓦于 1830 年前后求得听觉低限频率是 8 Hz，高限频率为

24 000 Hz。后来，西倍、毕奥、科尼希、亥姆霍兹等继续做了大量研究，认为听觉低限频率在 16～32 Hz之间，人与人之间的差异明显，但高限频率差异更大，而且高限频率随年龄的增加而降低。现在通常认为 20～20 000 Hz 是可听声频率范围。声强的听觉低限是托普勒与著名的统计物理学家波尔兹曼在 1870 年前后合作研究得到的。他们巧妙地用光学干涉的方法测量空气密度的最大变化，据此求出最大的声场强度是 10^{-7} W/m^2，这比现在接受的值大得多，但已经足以说明人耳听觉的灵敏。

首先提出听觉理论的是电路定律的提出者、德国物理学家欧姆，他于 1843 年指出，一个乐音具有基波和频率为整数倍的谐波，谐波结构决定乐音的音色，即欧姆听觉定律。人耳听音时就像谐波分析器一样，可把声音的基波和各谐波分解。欧姆听觉定律引起了大量生理声学和心理声学的研究工作，其中，亥姆霍兹根据大量的听音实验推论得出了耳内共振理论。按照此理论，耳蜗基底膜可以对不同频率的声波产生共振，这样就可以解释欧姆听觉定律。亥姆霍兹共鸣器就是在这些实验中发现的，至今仍有重要的应用价值。在亥姆霍兹时代，由于生理学知识有限，不少结论和理论是由物理现象推论而来的。后来，也就是在近百年之后，诺贝尔奖获得者、匈牙利生理学家贝开西用生理学方法验证了亥姆霍兹的主要研究结果，也指出了一些不准确的地方。

2. 典型声学效应

在对人耳听觉机理的研究中，发现了一系列的现象或效应。这些效应对于认知人耳的听觉机制，解释日常生活中的各种主观听觉能力具有重要的价值。以下对较为常见的几种效应进行介绍。

(1)掩蔽效应(Masking Effect)。一个较弱的声音(被掩蔽声)的听觉感受被另一个较强的声音(掩蔽声)所影响的现象称为人耳的掩蔽效应。被掩蔽声单独存在时的听阈分贝值，或者说，在安静环境中能被人耳听到的纯音的最小值称为绝对听阈。实验表明，3～5 kHz 时的绝对听阈值最小，即人耳对此频段的微弱声音最敏感；在低频和更高频区绝对听阈值要大得多。在掩蔽情况下，提高被掩蔽弱声的强度，使人耳能够听见时的听阈称为掩蔽听阈(或掩蔽门限)，被掩蔽弱声必须提高的分贝值称为掩蔽量(或阈移)。

已有实验表明，纯音对纯音、噪声对纯音的掩蔽效应具有不同的结论。

纯音间的掩蔽：对处于中等强度时的纯音最有效的掩蔽出现在它的频率附近；低频的纯音可以有效地掩蔽高频的纯音，而反过来则作用很小。

噪声对纯音的掩蔽：若掩蔽声为宽带噪声，被掩蔽声为纯音，则它产生的掩蔽门限在低频段一般高于噪声功率谱密度 17 dB，且较平坦；超过 500 Hz 时，大约每 10 倍频程增大 10 dB。若掩蔽声为窄带噪声，被掩蔽声为纯音，则情况较复杂。其中，位于被掩蔽声附近的由纯音分量组成的窄带噪声即临界频带的掩蔽作用最明显。所谓临界频带，是指当某个纯音被以它为中心频率，且具有一定带宽的连续噪声所掩蔽时，若该纯音刚好能被听到时的功率等于这一频带内的噪声功率，则这一带宽称为临界频带宽度。临界频带的单位是巴克(Bark)，1 巴克即 1 个临界频带宽度。临界频带与线性频率之间存在非线性映射关系。通常认为，20 Hz～16 kHz 范围内有 24 个子临界频带。当某个纯音位于掩蔽声的临界频带之外时，掩蔽效应仍然存在。

掩蔽效应可以分为频域掩蔽和时域掩蔽。频域掩蔽是指掩蔽声与被掩蔽声同时作用时发生掩蔽效应，又称同时掩蔽。这时，掩蔽声在掩蔽效应发生期间一直起作用，是一种较强的掩蔽效应。通常，频域中的一个强声会掩蔽与之同时发声的附近的弱声，弱声离强声越近，一般越容易被掩蔽；反之，离强声较远的弱声不容易被掩蔽。例如，一个 1 000 Hz 的声比另一个 900 Hz 的声高 18 dB，则 900 Hz 的声将被 1 000 Hz 的声掩蔽。而若 1 000 Hz 的声比离它较远的另一个 1 800 Hz 的声高 18 dB，则这两个声将同时被人耳听到。若要让 1 800 Hz 的声听不到，则 1 000 Hz 的声要比 1 800 Hz 的声高 45 dB。一般来说，低频的声容易掩蔽高频的声；在距离强声较远处，绝对听阈比该强声所引起的掩蔽阈值高，这时，噪声的掩蔽阈值应取绝对听阈。

时域掩蔽是指掩蔽效应发生在掩蔽声与被掩蔽声不同时出现时，又称异时掩蔽。异时掩蔽又分为导前掩蔽和滞后掩蔽。若掩蔽声出现之前的一段时间内发生掩蔽效应，则称为导前掩蔽；否则称为滞后掩蔽。产生时域掩蔽的主要原因是人的大脑处理信息需要花费一定的时间。异时掩蔽随着时间的推移很快衰减，是一种弱掩蔽效应。一般情况下，导前掩蔽只有 3～20 ms，而滞后掩蔽却可以持续 50～100 ms。

(2)哈斯效应(Haas Effect)。实际中多个声源同时存在的情况非常普遍。若两个声源强度相等，先后到达人耳，如果其中一个延迟时间在 30 ms 以内，听觉上将感到声音好像只来自未延迟的声源，并不会感觉到经过延迟的声源的存在。当延迟时间超过 30 ms 而未达到 50 ms 时，听觉上可以识别出已延迟的声源，但仍然感觉声音来自未经延迟的声源。只有延迟时间超过 50 ms 后，听觉上才会感到延迟声成为一个清晰的回声。这种现象称为哈斯效应，有时也称为优先效应(Precedence Effect)。

(3)鸡尾酒会效应(Cocktail Party Effect)。鸡尾酒会效应，也称选择性关注(Selective Attention)，是指人的一种听力选择能力，在这种情况下，注意力集中在某一个人的谈话之中而忽略背景中其他的对话或噪声。该效应揭示了人的听觉系统中令人惊奇的能力，它使人们可以在噪声环境中开展谈话。鸡尾酒会效应能够让多数人将很多其他无关的声音屏蔽掉，只选择听自己关注的那个声音。

(4)双耳效应(Binaural Effect)。双耳效应是人依靠双耳间的强度差、时间差和音色差判别声音方位的效应。如果声音来自听音者的正前方，由于声源到左、右耳的距离相等，从而声波到达左、右耳的时间差（相位差）、音色差为零，此时听音者感受出声音来自正前方，而不是偏向某一侧。声音强弱不同时，听音者可以感受出与声源之间的距离。双耳的生理结构复杂，且对称分布于脑部两侧，使得对于不同空间方位的声波到达双耳存在一系列差异，双耳正是利用这些线索完成了空间声定位等复杂的工作。双耳差异主要包括以下几种：

1）双耳时间差（Inter-aural Time Difference，ITD）。由于左、右耳之间有一定的距离，因此，除了来自正前方和正后方的声音之外，由其他方向传来的声音到达两耳的时间就有先后，从而造成时间差。如果声源偏右，则声音必先到右耳，后到达左耳。声源越是偏向一侧，则时间差也越大。实验证明，当声源在两耳连线上时，时间差约为 0.62 ms。

2）双耳声级差（Inter-aural Level Difference，ILD）。两耳之间的距离虽然很近，但由于头颅对声音的阻隔作用，声音到达两耳的声级可能不同。如果声源偏左，则左耳感觉声级大一些，而右耳声级小一些。当声源在两耳连线上时，声级差可达到 25 dB 左右。

3）双耳相位差（Inter-aural Phase Difference，IPD）。声音是以波的形式传播的，而声波在空间不同位置上的相位是不同的（除非刚好相距一个波长）。由于两耳在空间上的距离，所以声波到达两耳的相位就可能有差别。耳鼓膜是随声波而振动的，这个振动的相位差也就成为人耳判别声源方位的一个因素。当然，频率越低，相位差定位感觉越明显。

4）双耳音色差。声波如果从右侧的某个方向上传来，则要绕过头部的某些部分才能到达左耳。已知声波的绕射能力同波长与障碍物尺度之间的比例有关。人的头颅的直径约为 20 cm，相当于 1 700 Hz 声波的波长，所以频率为 1 000 Hz 以上的声波绕过人头部的能力较差，频率越高衰减越大。也就是说，同一个声音中的各个分量绕过头部的能力各不相同，频率越高的分量衰减越大。于是左耳听到的音色与右耳听到音色就存在差异。只要声音不是从正前方（或正后方）来的，两耳听到的音色就会不同，这也是人耳判别声源方位的一种依据。

1.3 室内声场仿真算法概述

1.3.1 室内声场仿真算法分类及适用范围

在室内声学领域，现有的室内声场仿真算法较多，常见的有声线跟踪法、虚声源法、有限元法、边界元法、统计能量分析法等。这些方法在基础理论以及实现过程方面都有很大的不同，按照适用频率划分，大致可分为扩散声场仿真算法及波动声场仿真算法两类。通常情况下，一个室内环境中的频率响应呈现出低频声模态密度较低，随着频率升高，模态密度不断增加的特点。由于扩散声场仿真算法以声场的扩散性为基本假设，因此该算法通常适用于高频段的声场仿真；而波动声场仿真算法本质上是对声学波动方程进行求解，因此对波动现象的模拟具有一定的优势，因而适用于低频段的声场仿真。一个典型的室内声学频响曲线，以及以其为基础的仿真算法适用范围如图 1-3 所示。

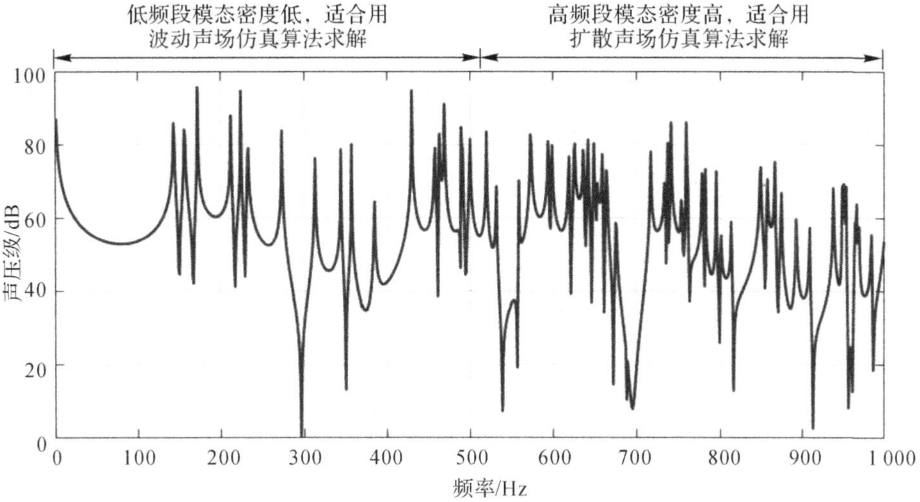

图 1-3　典型的室内声学频响曲线及不同仿真算法适用频率范围

1.3.2　扩散声场仿真算法

1. 声线跟踪法

声线跟踪（Ray Tracing）来自于几何声学的一项通用技术，它通过跟踪与声学表面发生交互作用的声线从而得到声线经过路径的模型，可应用于各种声学系统的仿真及设计中。声波在介质中传播时，可能会被介质吸收、改变传播方向或者射出介质表面。在实际应用中，可以将各种声波看成理想化的窄波束（即声线），基于这种假设，人们利用声线轨迹来计算声线在介质中的传播。

在厅堂（房间）等封闭空间内，假设处于其中的声源某时刻向各个方向均匀地发射大量的声粒子，这些声粒子沿着直线运动，与壁面碰撞又发生反射，将其运动的路径相连所形成的线称为声线。模拟计算中是跟踪声粒子传播的路径，故称为声线跟踪法。

假定声线带有一定能量，其声能大小取决于声源辐射的能量和粒子数量。当粒子遇到壁面时，声线在该处一部分作镜面反射，按入射角等于反射角确定新的传播方向，每次与壁面发生碰撞时，由于壁面吸收，声线的能量都会衰减，若壁面的吸声系数为α,每次碰撞后能量减少为原来的$1/(1-\alpha)$。模拟计算中,当声线携带的能量低于设定能量的限值时或者反射次数高于预先设置的阶数时,则停止对该声线的跟踪,转而跟踪下一条声线,直到设置的全部声线都被跟踪完毕。

2. 虚声源法

声源在封闭空间的各个壁面的对称点上都存在着它的像,称之为一级虚声源。该虚声源又在其他壁面类似地找到它的下一级虚声源,称之为二级虚声源,以此类推。如在图1-4中,S1,S2是声源S在各个壁面上产生的一级虚声源;S12是一级虚声源S1产生的二级虚声源,S21是一级虚声源S2产生的二级虚声源。各级虚声源的能量取决于它得以产生的壁面的吸声系数和该虚声源的级别。在求得全部虚声源的位置及能量后,就可以把声源对于接收点的贡献等效于各级虚声源的贡献之和,这样就能确定整个空间的声场状况。

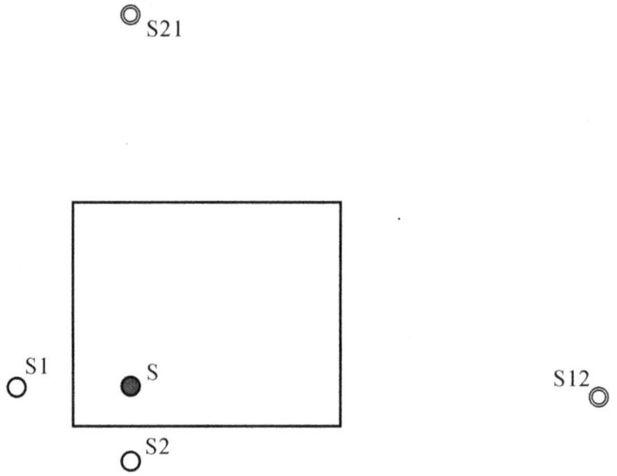

图1-4　虚声源示意图

3. 统计能量分析法

以前,对于结构声的传输,主要讨论和研究在一个方向或几个方向的无限结构元之间的传输。对一个有限系统到另一个有限系统之间的结构声传输,由于各个系统的几何形状的影响,问题变得较复杂,从而给研究带来了比较大的困难。这种系统振动的空间模态是由系统的特征函数和依赖于它的共振频率的系统频率响应特征决定的。一般来说,由两个有限系统形成的耦合系统所具有的模态和共振频率与组成该系统的两个子系统的共振频率是不一样的。两个子系统之间的功率流(振动子结构之间的振动功率流或振动结构与声传播介质之间的传输功率流)取决于两个子系统的共振频率之间的匹配程度和它们之间的模态的相似程度,以及在两个子系统中阻尼的分布。另外,传统的机械振动分析主要是研究低频模态,因为一方面,在许多实际情况下,系统的低频模态是主要的,而且这些模态具有最大的位移响应，对结构振动具有主要的影响，另一方面，由于低频时，在所研究的频带范围内，模态数比较少，这样使得利用经典的机械振动分析方法，如传递矩阵法、有限元分析法、边界元分析法成为可能。从实际来说，这些模态也可通过实验方法加以测量。但是对于大型的结构，特别是大型薄壁结构，如航空器结构、船舶结构或大型机械结构，振动模态分布在很宽的频带范围内。另外，载荷激励也是宽带的，如宽带噪声场对飞机蒙皮、火箭运载体的激励。在工业机械噪声控制中，虽然我们常常忽略宽带噪声对结构激励所引起的噪声，但是工业机械结构振动辐射的噪声一般在 300Hz～5kHz 的宽带范围内，在高模态密度的情况下，经典分析方法给结构振动研究带来更多的困难，甚至无法研究。因此采用统计模型的方法来研究问题是很自然的和适当的。

统计能量分析是 20 世纪 60 年代初开始发展起来的研究动态系统响应的一种统计分析方法，目前已得到广泛应用而成为随机振动分析的重要手段。在机械振动中，人们已习惯于把统计分析方法应用于时间上是随机变化的确定系统的振动。而统计能量分析的重要特征是把振动系统用许多统计集合来描述，也就是统计能量分析中所用的各种参数都是统计参数，而不是指时间特征是随机的或不是随机的。统计能量分析这个名词强调了这个新的研究方法的特点。用统计能量分析的主要创始人之一的 R. H. 里昂的话来说，统计能量分析已经被看作研究复杂结构振动的一种观点，它本身是应用了一系列的理论和实验的“方法”，而大多数方法在统计能量分析出现以前就已经广泛使用。统计一词强调可用已知动态参数分布的统计集合数来描述所要研究的系统；能量一词表示感兴趣的变量是能量，而其他动态变量，如位移、声压等，可以从能量中得到；分析一词用来强调统计能量分析是一种研究问题的方法而不是一种特殊的技术。

1.3.3　波动声场仿真算法

1. 声学有限元法

有限单元法是随着电子计算机的发展而迅速发展起来的一种现代计算方法。它是 20 世纪 50 年代首先在连续体力学领域飞机结构静、动态特性分析中应用的一种有效的数值分析方法，随后很快广泛地应用于求解热传导、电磁场、流体力学、声学等连续性问题。

有限元法(Finite Element Method，FEM)是一种为求得偏微分方程边值问题近似解的数值技术。它通过变分方法，使得误差函数达到最小值并产生稳定解。类比于连接多段微小直线逼近圆的思想，有限元法将许多被称为有限元的小区域上的简单方程联系起来，并用其去估计更大区域上的复杂方程。它将求解域看成由许多称为有限元的小的互连子域组成，对每一单元假定一个合适的(较简单的)近似解，然后推导求解这个域总的满足条件(如结构的平衡条件)，从而得到问题的解。这个解不是准确解，而是近似解，因为实际问题被较简单的问题所代替。

有限元法分析计算的思路和做法可归纳如下：

将某个工程结构离散为由各种单元组成的计算模型，这一步称作单元剖分。离散后单元与单元之间利用单元的节点相互连接起来；单元节点的设置、性质、数目等应视问题的性质、描述变形形态的需要和计算精度而定（一般情况单元划分越细则描述变形情况越精确，即越接近实际变形，但计算量越大）。因此有限元中分析的结构已不是原有的物体或结构物，而是同新材料通过众多单元以一定方式连接成的离散物体。这样，用有限元分析计算所获得的结果只是近似的。如果划分单元数目非常多而又合理，则所获得的结果就与实际情况相符合。

2. *声学边界元法*

边界元法是基于控制微分方程的基本解来建立相应的边界积分方程，再结合边界的剖分而得到的离散算式。1978 年，布里比亚用加权余量法推导出了边界积分方程，他指出加权余量法是最普遍的数值方法，如果以开尔文解作为加权函数，从加权余量法中导出的将是边界积分方程——边界元法，从而初步形成了边界元法的理论体系，标志着边界元法进入系统性研究时期。经过 50 多年的研究和发展，边界元法已经成为一种精确高效的工程数值分析方法。

与有限元法在连续体域内划分单元的基本思想不同，边界元法是只在定义域的边界上划分单元，用满足控制方程的函数去逼近边界条件。因此边界元法与有限元法相比，具有单元个数少、数据准备简单等优点，但用边界元法解非线性问题时，遇到同非线性项相对应的区域积分，这种积分在奇异点附近有强烈的奇异性，使求解遇到困难。边界元法是在有限元法之后发展起来的一种较精确有效的工程数值分析方法，又称边界积分方程-边界元法。它以定义在边界上的边界积分方程为控制方程，通过对边界分元插值离散，化为代数方程组求解。它与基于偏微分方程的区域解法相比，由于降低了问题的维数，而显著降低了自由度数，边界的离散也比区域的离散方便得多，可用较简单的单元准确地模拟边界形状，最终得到阶数较低的线性代数方程组。又由于它利用微分算子的解析的基本解作为边界积分方程的核函数，而具有解析与数值相结合的特点，通常具有较高的精度。特别是对于边界变量变化梯度较大的问题，如应力集中问题，或边界变量出现奇异性的裂纹问题，边界元法被公认为比有限元法更加精确、高效。由于边界元法所利用的微分算子基本解能自动满足无限远处的条件，因而边界元法特别便于处理无限域以及半无限域问题。边界元法的主要缺点是它的应用范围以存在相应微分算子的基本解为前提，故对于非均匀介质等问题难以应用，其适用范围远不如有限元法广泛，而且通常由它建立的求解代数方程组的系数阵是非对称满阵，对解题规模产生较大限制。对一般的非线性问题，由于在方程中会出现域内积分项，从而部分抵消了边界元法只要离散边界的优点。

3. 声学无网格法

目前较为流行的数值计算方法以基于网格的有限元法及边界元法为主，这些方法凭借简单易行的算法以及良好的通用性在各个领域都得到大量的应用。但是由于这些方法依赖于预先定义的通过节点连接在一起的网格或单元信息，也会导致一系列的问题。第一，前处理困难，计算之前要生成网格模型，这使得数据准备的难度较大，尤其对于比较复杂的结构模型，容易出现畸变网格，严重影响计算精度；第二，由于这类方法普遍采用低阶多项式作为声压函数插值函数，不可能对较高频率声学问题给出良好的近似；第三，计算结果不是光滑连续的，需要进行光顺化后处理。

基于上述问题，学术界出现了一种新型数值计算工具——无网格法。无网格法用一组节点来离散求解区域，直接借助于离散点来构造形函数，从而能彻底或部分地消除网格的束缚。无网格法具有一系列良好的特性。第一，由于只需要将模型用节点离散，大大降低了前处理的难度，而且避免了由网格畸变带来的问题；第二，采用紧支函数的无网格法和有限元法一样具有带状稀疏矩阵的特点，适用于求解大型科学和工程问题；第三，无网格法的自适应很强，在自适应分析中不需要重新划分网格，极易实现自适应分析，若引进小波函数还具有多尺度分析功能；第四，无网格法可以提供连续性好、形式灵活的形函数，从而使计算结果光滑连续，不需要光顺化后处理。

1.4 室内声场仿真常用软件介绍

1. ODEON

ODEON 是由丹麦科技大学从 1984 年开始研究开发的一个建筑声学模拟软件。该软件的基础是几何声学。该软件采用虚声源法与声线跟踪法相结合的混合法以及第二声源法(次级声源法)进行计算机声场模拟，具备可听化功能，能够对房间声学、厅堂声学、噪声控制进行模拟计算。经过将近 40 年的发展，ODEON 经历了不断升级更新、功能不断发展完善的过程(见表 1 - 1)，已被广泛运用于设计研究和工程领域。

表 1 - 1 ODEON 软件发展历程

年　份	发展历程
1984—1989	开发声线跟踪模块
1989	引进更加准确和更加快速的混合模块
1990	发布 ODEON0.9 版本

续表

年　份	发展历程
1991	发布 ODEON1.0 版本
1992	发布 ODEON2.0 版本
1993	开发了基于 t.c.electronic(DK)硬件的可听化方法
1994	发布了允许多个有效声源的 ODEON2.5 版本。发布了用于可听化的 ODEON - Sound1.0 版本，对系统进行验证
1995	发布了 ODEON2.6 版本和 ODEON2.6D 版
1996	丹麦 ELSAM 设计公司开发用于工业环境中大型声源模型算法
1997	发布了 Windows95 下的 ODEON3.0 版本。由丹麦 ELSAM 设计公司对 ODEON3.0 进行验证。发布了 Windows 95 下的 ODEON3.1 版本
1998	进一步开发引进参数模块的 ODEON3.x 版本。开始开发包括可听化功能的 ODEON4.0 版本
1999	开发了包括多通道功能的 ODEON4.1 版本
2000	发布了具有改进早期算法的 ODEON4.2 版本
2001	发布了具有改进图形、打印对话框等功能的 ODEON5.0 版本
2002	发布了 ODEON6.0 版本
2003	发布了 ODEON6.5 版本
2004	发布了 ODEON7.0 版本
2005	发布了 ODEON8.0 版本
2006	发布了 ODEON8.5 版本
⋮	⋮
2021	发布了 ODEON16 版本

ODEON 通常包括基础版、工业版、厅堂版和综合版等 4 个版本。其中基础版价格较低，配有测量系统和基本模拟工具，计算引擎和精度与其他版本完全相同；工业版主要用于环境声学和噪声模拟，预测环境声学中声压级(SPL)、A 计权声压级[SPL(A)]、混响时间等重要参数，支持点声源、线声源和面声源，能够轻松模拟大型复杂声源，适用于研究工厂大厅声学设计，预测各种噪声排放源(机械)影响大厅的声压级和员工的噪声暴露；厅堂版主要用于室内声学模拟，预测室内声学参数，适用于音乐厅、报告厅、剧场等室内空间，利用厅堂版的图形工具，如反射图、三

维反射路径显示和混响曲线显示，可以直观地研究室内的声学特性和声音传播；综合版包括工业版和厅堂版的全部功能。

ODEON 的基本功能如下：

(1)建立模型。

(2)材料设置与编辑。

(3)可视化功能。ODEON 可视化工具相当丰富，可以提供声线、声粒子和基于 OpenGL 的 3D 建筑效果。载入软件的厅堂模型可以三维显示，厅堂显示可以平移或任意角度旋转。用户可以在自己想要的角度对模型进行查看，配以丰富多彩的表面颜色，能够检查不同表面的声吸收和声散射状况。

(4)可听化功能。ODEON 利用厅堂某处的房间脉冲响应，以及利用真人头颅或假人头颅在消声室测量所得出的相关传输函数 HRTF，再加上原始的消声室录制的听音材料，将其依次卷积运算，就可以得到包含厅堂声学效果和声源定位效果的听音文件，通过扬声器或耳机重发方式即可聆听厅堂声学效果，实现双耳可听化和多通道可听化，让用户在设计阶段就能听到建成后的音质效果，避免声学缺陷的发生。

(5)模拟计算。ODEON 自带的计算功能有快速估算(Quick Estimate)、整体估算(Global Estimate)和点的响应计算(Calculating of Responses)共三种功能。

2. 波动声学软件

对于声场仿真问题，以有限元法、边界元法等波动仿真方法为基础算法的软件和平台较多，常见的包括 LMS Virtual. Lab，COMSOL，ACTRAN，ANSYS 等。

LMS Virtual. Lab 是 SIEMENS 公司的一款商用仿真平台，其声学模块部分具有强大的声学仿真功能，主要以有限元法、边界元法等波动方法为算法基础。对于室内声场仿真，可以利用声学有限元、声学边界元、快速多级边界元、时域边界元等方式实现仿真。

COMSOL 是 COMSOL 集团的一款商用仿真平台，以多物理场建模与仿真而著名，利用其同样可以完成各类室内声场仿真问题。另外，COMSOL 具有较为方便的材料设置方法，例如对微穿孔板可以通过较为简便的设置完成其建模，可为用户提供较大的便利。

ACTRAN 是比利时 FFT 公司的一款商用仿真平台，最初定位于声音的传播，现在已经覆盖了振动声学和流动声学的各个方面，利用 ACTRAN 可完成声波的辐射、散射、封闭和开放声场、管道中的传播、对流效应、声振耦合、精确模拟阻尼等。

ANSYS 是美国 ANSYS 公司研制的大型通用有限元分析(FEA)软件，与其他以波动声学算法为基础的软件类似，ANSYS 也具有强大的前处理、求解器等模块，可以实现准确的声场仿真。

第 2 章　扩散声场仿真算法

从第 1 章的室内声场仿真算法概述可知，利用扩散声场仿真算法对声场进行仿真时，以声场具有扩散性为假设条件。如果按照算法的原理，扩散声场仿真算法又可以细分为几何声学仿真算法以及统计能量分析算法两类。其中几何声学仿真算法是指将声波及其传播、作用以几何的形式来表示，常见方法包括声线跟踪法和虚声源法等；而统计能量分析算法则是利用统计能量分析的理论对声场进行求解。一般来说，几何声学仿真算法是一类纯声学方法，无法对振声耦合现象进行模拟，而统计能量分析算法则可以完成振声耦合的分析。本章将对这两类方法进行介绍，其中几何声学仿真算法以声线跟踪法的介绍为主。

2.1　统计声学基础理论

在一室内环境中有一声源发出声波，这里把从声源发出的声波假设为无限多条平面声束，各声束的出射方向都不相同。声束在碰到壁面以前是沿直线行进的，可用声线来表示，当它碰到壁面后就反射，反射角等于入射角。然后在新的方向继续前进，直至碰到另一壁面再进行反射，如此继续下去。当室内环境的反射条件非常复杂时，声线的传播就会呈现出无规的特点，从统计观点来说可以认为声通过任何位置的概率是相同的，并且通过各方向的概率也是相同的，在同一位置各声线相遇的相位也是无规的，由此造成室内声场的平均能量密度分布是均匀的。这种统计平均的均匀声场称为扩散声场。扩散声场的定义可以归纳为以下几条：

(1)声以声线方式以声速 c_0 直线传播，声线所携带的声能向各方向的传递概率相同；

(2)各声线是互不相干的，声线在叠加时，它们的相位变化是无规的；

(3)室内平均声能密度处处相同。

这三条定义之间都有内在联系，是互相制约的，缺少其中任一条，扩散声场的假设就会受到全面破坏。

扩散声场的产生从波动声学观点来看也是有根据的。当声源在室内辐射时，壁面以及各种反射体与散射体的存在，使室内形成数目极多的驻波，造成其中声压的分布规律极为复杂。如果假设驻波进一步增加，而声场分布进一步复杂化，从而使驻波声场中声压极大与极小的差异几乎消失，由此就形成“均匀”的声场。

2.1.1　扩散声场建模

设在室内有一声源发射声波，声波以声线方式向各方向传播。一般说，一条声线在 1 s 内要经过多次的壁面反射。由于声源是向各个方向发射声线的，各声线与壁面相碰的位置各不相同，在两次壁面反射之间经历的距离也各不相同。因此，为了在统计学的意义下描述声线传播的过程，此处需计算声线运动的平均自由程，即声线在壁面上两次反射之间的平均距离。

设有一矩形空间如图 2－1 所示，其长、宽、高各为 l_x, l_y, l_z，它们分别与坐标轴 x, y, z 相一致。假设在空间某处有一声源 S 发出一条声线，它与 z 轴夹角为 θ，在 xOy 面的投影线与 x 轴成 φ 角。为了统计声线在传播过程中所经过的距离信息，我们通常需要知道声线的声速以及传播所用时间。但是由于不同方向的声线传播时间是不一样的，且声源位置不同也会对声线的传播造成影响，所以这里我们转换思路，从声线与表面的碰撞次数角度来对问题进行分析。

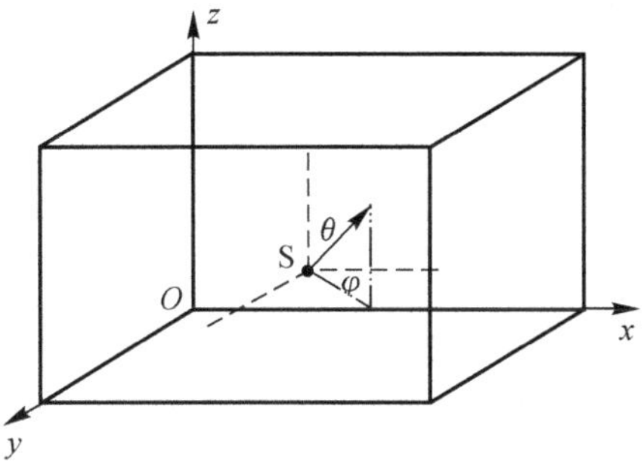

图 2－1

因为声线的运动速度为声速 c_0，所以对于任一对立的壁面每秒钟声线的碰撞数应是声速 c_0 在这些壁面的垂直分量被它们之间的距离来除。声速 c_0 在 x，y，z 轴向上的分量分别为 $c_0\sin\theta\cos\varphi$，$c_0\sin\theta\sin\varphi$ 与 $c_0\cos\theta$，因此与这些轴的垂直壁面相对应的碰撞数 ξ_x, ξ_y, ξ_z 应分别为

$$\left.\begin{aligned} \xi_x &= \frac{c_0\sin\theta\cos\varphi}{l_x} \\ \xi_y &= \frac{c_0\sin\theta\sin\varphi}{l_y} \\ \xi_z &= \frac{c_0\cos\theta}{l_z} \end{aligned}\right\} \tag{2-1}$$

设从声源 S 在 1 s 内发射了 $4\pi n$ 条声线，其中 n 为单位立体角内的声线数。这样投入到 (θ,φ) 方向在立体角 $\mathrm{d}\Omega = \sin\theta\mathrm{d}\theta\mathrm{d}\varphi$ 内的声线数应等于 $n\sin\theta\mathrm{d}\theta\mathrm{d}\varphi$，而每秒钟声线的碰撞总数

$$N=8\int_0^{\pi/2}\int_0^{\pi/2}n\left(\frac{c_0}{l_x}\sin\theta\cos\varphi+\frac{c_0}{l_y}\sin\theta\sin\varphi+\frac{c_0}{l_z}\cos\theta\right)\sin\theta\mathrm{d}\theta\mathrm{d}\varphi=n\pi c_0\frac{S}{V}\tag{2-2}$$

式中：$S=2(l_xl_y+l_xl_z+l_yl_z)$ 为室内壁面总面积；$V=l_xl_yl_z$ 为室内空间的体积。

因为在 1 s 内所有声线所通过的总距离为 $L=4\pi nc_0$，所以用它除以每秒的声线碰撞总数 N 就可得平均自由程

$$\overline{N}=\frac{L}{N}=\frac{4\pi nc_0}{n\pi c_0\dfrac{S}{V}}=\frac{4V}{S}\tag{2-3}$$

从式(2-3)看到，平均自由程仅与房间的几何参数有关，而与声源位置无关，这充分反映了平均自由程这一量具有统计规律的特性。

当室内壁面为非刚性时，一部分入射波就会被壁面吸收，根据声学基础知识可知，壁面所吸收的能量与入射能量的比值为吸声系数 α。如果对应于某吸声表面 S_i 的吸声系数为 α_i，那么对室内所有壁面的吸声系数进行平均，则可得室内平均吸声系数

$$\overline{\alpha}=\frac{\sum\limits_i\alpha_iS_i}{S}\tag{2-4}$$

式中：$S=\sum\limits_i S_i$ 为吸声总面积。

平均吸声系数 $\overline{\alpha}$ 实际上表示房间壁面单位面积的平均吸声能力，也称单位面积的平均吸声量。当室内存在人或物体时，也需要根据空间体积的大小来计入这些因素对吸声的贡献情况。

2.1.2　室内混响

室内从声源发出的声波能量，在传播过程中由于不断被壁面吸收而逐渐衰减。声波在各方向来回反射而又逐渐衰减的现象称为室内混响。

假设声源在发声一段时间之后停止，声能在室内将逐渐衰减。设声源停止时刻 $t=0$，此时室内的平均声能密度为$\overline{\varepsilon}_0$。假设房间的平均吸声系数为 $\overline{\alpha}$，在经过第一次壁面反射后室内的平均声能密度变为$\overline{\varepsilon}_1=\overline{\varepsilon}_0(1-\overline{\alpha})$，在 N 次反射后为$\overline{\varepsilon}_N=\overline{\varepsilon}_0(1-\overline{\alpha})^N$。由于已知室内的平均自由程为 $\overline{L}$，所以室内在 1 s 内发生的反射次数应是速度 c_0 除以平均自由程，即$\dfrac{c_0}{\overline{L}}=\dfrac{c_0S}{4V}$，而在 t(s) 内发生的反射次数应是$\dfrac{c_0}{\overline{L}}t=\dfrac{c_0S}{4V}t$，于是在 t(s) 后的平均能量密度就变为

$$\overline{\varepsilon}_t=\overline{\varepsilon}_0\ (1-\overline{\alpha})^{\frac{c_0S}{4V}t}\tag{2-5}$$

在扩散声场中各点的总平均能量密度可以看成是由许多声线的平均能量密度

的叠加，所以其总平均能量密度与总有效声压二次方具有一定的等价关系，于是式(2-5)可改写为

$$p_e^2 = p_{e0}^2 \ (1-\bar{\alpha})^{\frac{c_0 S}{4V}t} \tag{2-6}$$

式中：p_e 为室内某时刻 t 的有效声压，p_{e0} 为 $t=0$ 时的有效声压。

为了描述室内声音衰减的快慢程度，此处引入混响时间的概念，它的定义为：在扩散声场中，当声源停止后从初始的声压级降低 60 dB 所需的时间，用符号 T_{60} 来表示。按混响时间的定义有

$$10\lg \frac{p_e^2}{p_{e0}^2} = 10\lg \ (1-\bar{\alpha})^{\frac{c_0 S}{4V}T_{60}} = -60 \tag{2-7}$$

由此解得

$$T_{60} = 55.2 \frac{V}{-c_0 S\ln(1-\bar{\alpha})} \tag{2-8}$$

如果取 $c_0 = 344$ m/s，则可得

$$T_{60} = 0.161 \frac{V}{-S\ln(1-\bar{\alpha})} \tag{2-9}$$

如果室内平均吸声系数较小，近似有 $\ln(1-\bar{\alpha}) \approx -\bar{\alpha}$，则式(2-9)可取近似值为

$$T_{60} \approx 0.161 \frac{V}{S\bar{\alpha}} \tag{2-10}$$

式(2-10)即为赛宾公式，最早由美国声学家赛宾从实验中获得。

2.1.3　稳态下的声能量

我们已知，当声源辐射时，室内声能由两部分组成：一部分是直达声能，它是声波受到第一次反射以前的声能；另一部分是混响声能，它是包括经第一次反射以后的所有声波能量的叠加。当声源开始稳定地辐射声波时，直达声能的一部分被壁面与媒质所吸收，另一部分就用来不断增加室内混响声场的平均能量密度，所以声源开始发声后的一段时间内，室内的总平均声能密度是随混响平均声能密度的增长而不断增长的。混响平均能量密度越大，被壁面与媒质吸收的声能就越多。最后由声源每秒钟提供给混响声场的能量将正好补偿被壁面与媒质所吸收的能量，室内混响声平均能量密度达到动态平衡，这一平均能量密度称为稳态混响平均声能密度。设声源的平均辐射功率为 $\overline{W}$，在第一次反射中被壁面等吸收的平均功率为 $\overline{W}\bar{\alpha}^*$，由声源提供给混响声场部分的平均功率为 $\overline{W}(1-\bar{\alpha}^*)$。设稳态混响平均声能密度为$\bar{\varepsilon}_R$，据 2.1.1 小节讨论知，在等效平均吸声系数为$\bar{\alpha}^*$ 的壁面上 1 s 的反射次数为$\frac{c_0 S}{4V}$，那么在室内每秒钟被吸收掉的混响声能为$\bar{\varepsilon}_R V \bar{\alpha}^* \frac{c_0 S}{4V}$。当混响声场达到稳态时，根据动态平衡条件有

$$\bar{\varepsilon}_R V \bar{\alpha}^* \frac{c_0 S}{4V} = \overline{W}(1 - \bar{\alpha}^*) \quad (2-11)$$

由此可解得

$$\bar{\varepsilon}_R = \frac{4\overline{W}}{Rc_0} \quad (2-12)$$

式中：

$$R = \frac{S\bar{\alpha}^*}{1-\bar{\alpha}^*} \quad (2-13)$$

称为房间常数，单位为 m^2。

从式(2-12)看到，稳态混响平均声能密度与声源平均辐射功率成正比，与房间常数成反比。而从式(2-13)知，房间常数 R 与房间的平均吸声系数 $\bar{\alpha}^*$ 有关，$\bar{\alpha}^*$ 越大，R 就越大。

前已指出，一般室内声场可以看作是直达声与混响声的叠加。假设室内有一无指向性的声源平均辐射功率为 $\overline{W}$，它在空间产生的直达平均声能密度为 $\bar{\varepsilon}_D$。由于直达声与混响声是不相干的，它们在空间的叠加应表现为它们的能量密度相加，这时室内叠加声场的总平均能量密度

$$\bar{\varepsilon} = \bar{\varepsilon}_D + \bar{\varepsilon}_R \quad (2-14)$$

由于声源是无指向性的，它在空间的辐射应是一均匀的球面波，其平均能量密度可表示成 $\bar{\varepsilon}_D = \dfrac{\overline{W}}{4\pi r^2 c_0}$，其中 r 为接收点离声源的径向距离。将该式与式(2-11)一并代入式(2-14)，并考虑到 $\bar{\varepsilon} = \dfrac{p_e^2}{\rho_0 c_0^2}$，可得

$$p_e^2 = \overline{W}\rho_0 c_0 \left(\frac{1}{4\pi r^2} + \frac{4}{R}\right) \quad (2-15)$$

或用声压级表示

$$\mathrm{SPL} = 10\lg\overline{W} + 10\lg\rho_0 c_0 + 94 + 10\lg\left(\frac{1}{4\pi r^2} + \frac{4}{R}\right) \quad (2-16)$$

如果取 $\rho_0 c_0 = 400\ \mathrm{N \cdot s/m^3}$，并采用声功率级，那么式(2-16)就可改写成

$$\mathrm{SPL} = \mathrm{SWL} + 10\lg\left(\frac{1}{4\pi r^2} + \frac{4}{R}\right) \quad (2-17)$$

从式(2-17)可以看到，室内总声压级与离声源距离 r 的关系同自由声场不一样。当 r 较小以至满足 $\dfrac{1}{4\pi r^2} \gg \dfrac{4}{R}$ 时，总声压级以直达声为主，混响声可以忽略；反之，r 较大以至满足 $\dfrac{1}{4\pi r^2} \ll \dfrac{4}{R}$ 时，总声压级就以混响声为主，直达声可以忽略，而此时总声压级与 r 无关。例如，两人凑近讲话，听者听到的主要是讲话者的直达声而房间的影响不起作用；如果两人相距较远，那么听者听到的主要是混响声，房间的

影响起主要作用。如果我们取$\frac{1}{4\pi r^2}=\frac{4}{R}$，从此确定一临界距离

$$r=r_c=\frac{1}{4}\sqrt{\frac{R}{\pi}} \tag{2-18}$$

在此距离上，直达声与混响声的大小相等。当 $r>r_c$ 时，混响声起主要作用，而当 $r<r_c$ 时，直达声起主要作用，临界距离 r_c 与房间常数 R 的二次方根成正比。如果 R 相当小，那么房间中大部分区域是混响声场；反之，如果 R 相当大，那么房间中大部分区域是直达声场。由此可见，房间常数 R 是描述房间声学特性的一个非常重要的参量。

按照赛宾混响时间公式式(2－10)，房间常数 R 还可用混响时间 T_{60} 来表示。由此可将室内声场中的混响声贡献部分表示成

$$\frac{4}{R}=\frac{4T_{60}}{0.161V}\left(1-0.161\frac{V}{ST_{60}}\right) \tag{2-19}$$

或者更近似地表示成

$$\frac{4}{R}\approx\frac{4T_{60}}{0.161V} \tag{2-20}$$

式(2-20)表示，室内混响声的贡献部分与混响时间 T_{60} 成正比，而与房间体积 V 成反比。设想如果房间体积增大一倍，而混响时间仍维持不变，那么，那些远离声源，而以混响声为主的部分位置处的声压级就会比原来降低3 dB。因此，过大的房间采取电声扩声措施常常是必不可少的。

以上介绍了统计声学中的一些基础理论，利用这些理论可以实现声场的求解。但是如前文所说，在实际情况中，各类环境的边界条件通常是较为复杂的，例如房间的形状复杂从而造成这些基础理论没办法直接获得应用，此时需要利用数值仿真的手段完成。

以下将介绍典型的扩散声场数值仿真算法。需要指出的是，这些数值仿真算法仍旧是以经典的统计声学理论为基础展开的。

2.2　声线跟踪基本算法

声线跟踪法是一种将空间内球面波的传播用几何学来表述的方法。在声线跟踪技术中，球面波发出的能量可以被认为分成了一些不连续的元素，这些元素就叫作声线，它们以声速传播，并且符合几何声学的定律。利用计算机跟踪声线在环境空间内的传播，由于壁面及空气对声能的吸收，声线的能量随着时间的推移而递减。对每一个声线，要跟踪到它的能量低于一个可忽略的值为止，在这个过程中若声线穿过事先设定好的接收区域，则将此时声线的时间及能量记录下来。当所有声线跟踪完毕后，穿过接收区域的所有声线的能量及时间就可以构成一个能量时

间曲线，利用此曲线可以做相关计算。

经典声线跟踪法的思路：对于各个壁面都是平面的室内声学环境（例如厅堂），某时刻处在一定位置的声源向四周均匀地释放大量声粒子，它们在与壁面碰撞以前都沿直线运动，把声粒子与壁面的碰撞点逐次相连所形成的线称为声线。假定每根声线开始时都携带相同的能量，其大小取决于声源 S 辐射的总能量和声线根数。求出声线与所有壁面的交点，选择在其传播方向上最近的交点 R 作为声粒子与壁面的碰撞点。声线在该点一部分作镜面反射，其方向由反射定律决定；另一部分作扩散反射，其方向可利用概率论知识来选取（由计算机发出随机数来决定）。此后该声线沿新方向继续前进，每次碰撞后它的能量减少为原来的 $1/(1-\alpha)$（α 为壁面的吸声系数），直到其能量低于事先设定的阈值时计算机停止对该声线的跟踪，继而跟踪下一声线，如此重复进行，直至所有粒子均被跟踪完毕，如图 2－2 所示。

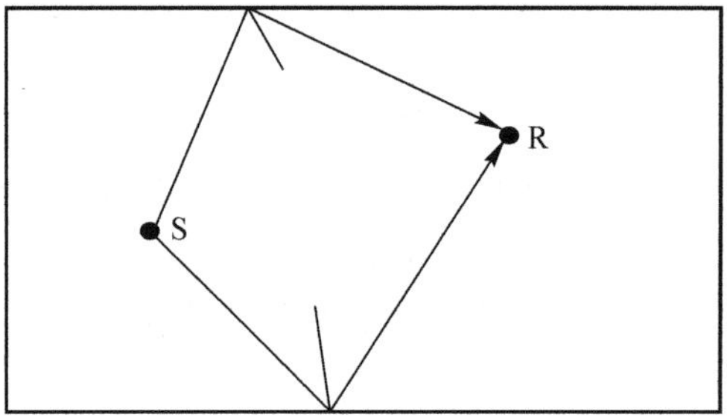

图 2－2　经典声线法示意图

在上述过程中，当声线穿过预先设定的计数面积或计数体积时，计算机便计算并记录下它的到达时间、能量，由此可以得到一个能量的时间分布，只要时间间隔取得合适，就可以把它作为一个短时间内的平均脉冲响应。

按照以上思路得到脉冲响应后，可以根据混响时间、声压级、中心时间等室内声学指标的定义求解它们的值。

基本声线跟踪算法包括四个环节：房间模型的建立、声源等效、壁面吸收及反射、声接收。在经典算法中，这些环节都被理想化，如反射只考虑镜面反射，不考虑空气吸收问题等。在经典算法的基础上，可以进行改进，使其适用于复杂条件。

2.2.1　房间模型的建立

在利用数字式声场模拟方法建模时，第一个也是十分重要的工作就是对房间进行建模，房间模型的精确度直接影响了后面建模结果的准确度，对于某些复杂的封闭空间，有时要模拟几百个面，因此对房间建模是一项很繁重的工作。为便于计算机模拟，需要对声场空间进行一定的假设，主要包括以下假设：

(1)空间的各个壁面可看作平面(曲面可等效为若干平面);

(2)空间各壁面对声波的影响用吸声系数和散射系数来反映;

(3)空间中的吸声因素只考虑空气、墙壁以及障碍物的吸声。

在这些假设的基础上,就可以利用数学知识构造空间的计算机模型。

通常情况下,一般采用输入各点坐标法来建立房间模型。事先需要知道各点的坐标,然后对每个面的点的坐标按顺序输入。此处需要注意的是,输入点的坐标时必须按照顺序输入,如图 2-3 所示,在输入这个面的坐标时必须按照顺时针方向或逆时针方向来输入,如果输入顺序为 1—3—2—4,那么就不能使程序正确运算。因为在后面判断交点是否在实际壁面范围以内时要用到夹角和检验法,用这种方法计算时会顺序用到点的坐标。

房间模型的坐标系由用户自己创建,只要数量关系一定,坐标系的不同选择不会影响计算结果。

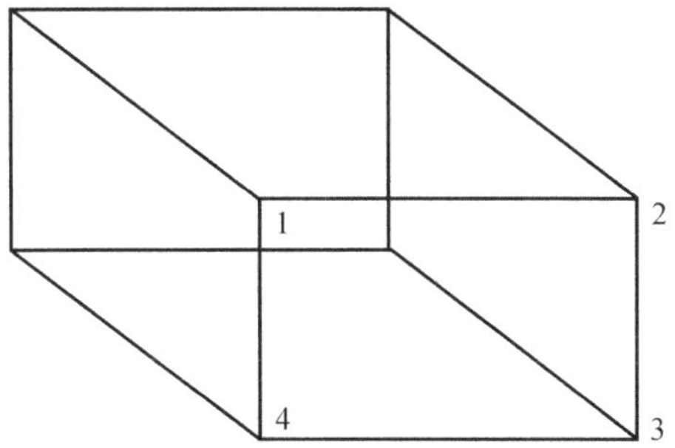

图 2-3　房间模型

2.2.2　声源

在现阶段,声源只考虑点声源的情况。声源在声线跟踪算法中主要涉及发出声线的能量、方向、数量问题。

1. 声线能量

根据声线跟踪理论,点声源辐射的声能可认为是由大量向四周传播的声线携带的。如果声源功率级为 L_{w0},则每条声线开始时携带的声能为

$$w = 10^{\frac{L_{w0}}{10}} \cdot 10^{-12} \tag{2-21}$$

2. 声线方向

任意一条初始声线的方向可按下面方法确定:将以声源为球心的单位球体沿 z 轴等间隔取 N 个圆环,在第 i 个圆环上取 m_i 个等间距的点,如图 2-4 所示(仅第一卦限)。

当两个相邻圆环之间的弧长与其中某个圆环上两个相邻点之间的弧长相等时,可近似认为这些点均匀分布在球体上。由此可以推出以下关系:

$$m_i = n\sin^2\theta_i \tag{2-22}$$

n 值越大，这些点的空间分布越趋于均匀。当 n 取一个较大的值时，位于坐标原点的声源与这些点的连线就可以作为初始声线，也就是说，这些点处的单位矢量的方向就是初始声线的方向。这样，任意一条初始声线的方向可表示为

$$V_{i,j} = (\sin\theta_i\cos\varphi_{i,j}, \sin\theta_i\sin\varphi_{i,j}, \cos\theta_i) \tag{2-23}$$

如果初始声线分布于全部 4π 空间角内，则有

$$\left.\begin{aligned} \theta_i &= \frac{2\pi i}{n}, \quad i=1,2,3,\cdots,n \\ \varphi_{i,j} &= \frac{2\pi j}{m_i}, \quad j=1,2,3,\cdots,m_i \end{aligned}\right\} \tag{2-24}$$

于是，任意初始声线的方程可以表示为

$$\frac{x-x_0}{\alpha} = \frac{y-y_0}{\beta} = \frac{z-z_0}{\gamma} = t \tag{2-25}$$

式中：(x_0, y_0, z_0) 是声源坐标；t 是一个常数；α, β, γ 是 $V_{i,j}$ 的三个分量。

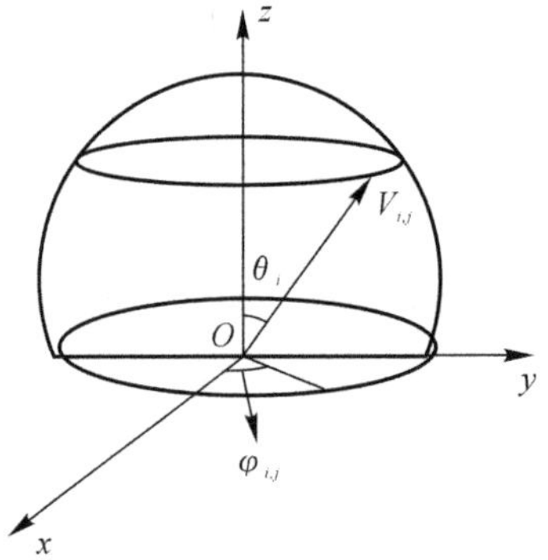

图 2-4　初始声线方向

3. 初始声线的数目

在定义初始声线的方向时，将以声源为球心的单位球体沿 z 轴等间隔取了 N 个圆环，每个圆环可分为 m 份，那么初始声线的数目就是 $N\times m$ 根。N 和 m 的值取得越大，声线的数目就越多。在程序运算过程中可以发现，声线的数目越多，声线在封闭空间内的分布就越均匀，这时可以更全面地来描述封闭空间各个位置的声学特性，但是，声线数目并不是越大越好，如果声线数目过大，那么会延长计算时间，却对建模精度没有什么贡献，从而降低了效率。所以当声线数目达到一定程度时，如果已经可以满足结果精度上的需要，声线数目就不必再提高了。

2.2.3　壁面

声线在传播过程中会与壁面发生碰撞，其能量会被壁面吸收一部分，吸收的能

量的大小由壁面的吸声系数决定，然后声线会继续向新的方向传播，在这个过程中需要求出声线与壁面的交点，确定声线反射方向。

1. 能量的吸收

在声线跟踪基本算法中，声线与壁面碰撞时能量会被吸收一部分，如果壁面的吸声系数为 α，那么声线的能量经过碰撞后减少为原来的 $1/(1-\alpha)$。

2. 确定声线与壁面的交点

声线在封闭空间范围内传播时，用数学来反映就会发生声线与壁面的延长面相交的情况，因此程序的运算过程是首先求出声线与所有壁面的交点，然后确定唯一碰撞点。

(1) 求声线与所有壁面的交点。若封闭空间的各个壁面为平面，则用方程来表示，即

$$ax + by + cz + d = 0 \tag{2-26}$$

若封闭空间存在曲面，则首先需要把曲面简化为若干个平面并用式(2-26)来表示，平面的数量越多，越接近曲面，计算也就越精确。

联立式(2-25)、式(2-26)可求得 t 值。若 $a\alpha + b\beta + c\gamma = 0$，则声线与壁面平行，若 $a\alpha + b\beta + c\gamma \neq 0$，则有

$$t = -\frac{ax_1 + by_1 + cz_1 + d}{a\alpha + b\beta + c\gamma} \tag{2-27}$$

所以交点坐标为

$$\left.\begin{aligned} x &= x_1 + \alpha t \\ y &= y_1 + \beta t \\ z &= z_1 + \gamma t \end{aligned}\right\} \tag{2-28}$$

(2) 确定唯一碰撞点。一条声线可能与空间的各个壁面所处的平面都存在交点(见图 2-5)，但实际的传播过程中，一条声线与一个壁面的碰撞点应该只有一个。为了确定该点，可以分为以下两步：

第一步：确定与该声线相交的平面。该平面应该满足两个必要条件，即对应的 $t > 0$，且交点离声线出发点的距离最近。对于矩形空间，满足这两个条件即可判定交点是碰撞点。对于更复杂的空间则还需要进行下面的第二步。

第二步：判断交点是否在实际壁面范围以内。这时需利用点的包含性法则。本书采用夹角和检验法。

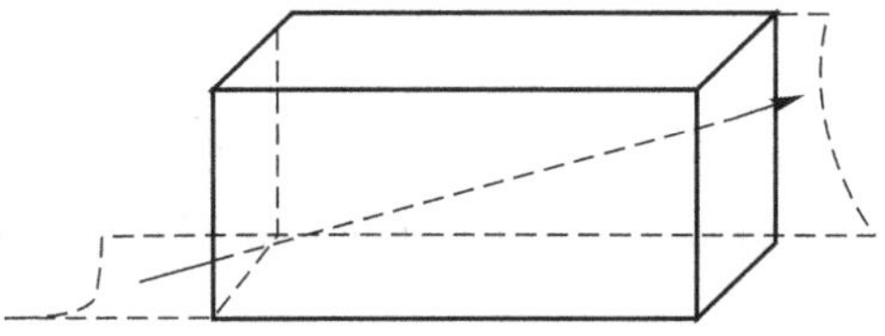

图 2-5　声线与各个壁面所在平面均存在交点

如图 2-6 所示，令 $\alpha_1=\angle APB$，$\alpha_2=\angle BPC$，$\alpha_3=\angle CPD$，$\alpha_4=\angle DPA$，这些夹角的大小可利用余弦定理计算：

$$\cos\alpha_i=\frac{邻边_1^2+邻边_2^2-对边^2}{2\times 邻边_1\times 邻边_2},\quad i=1,2,3,4 \tag{2-29}$$

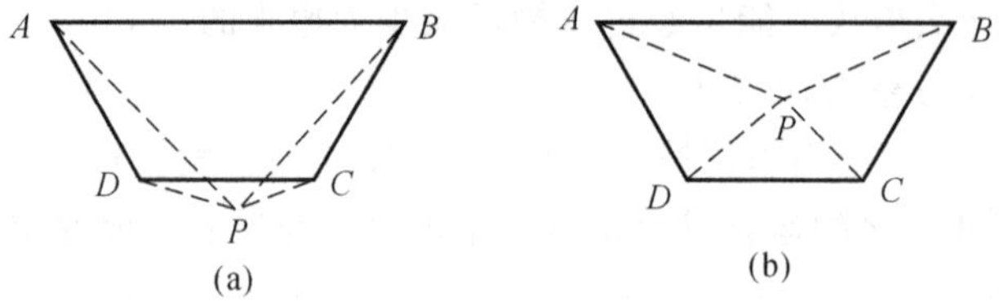

图 2-6　夹角和检验法

(a) 夹角和等于 0；(b) 夹角和等于 2π

夹角方向 D 可根据三角形三个顶点的坐标来定义。例如 $\angle APB$ 的方向定义为

$$D=\begin{vmatrix} x_A-x_P & x_B-x_P & 1 \\ y_A-y_P & y_B-y_P & 1 \\ z_A-z_P & z_B-z_P & 1 \end{vmatrix} \tag{2-30}$$

若 $D<0$，则为顺时针方向；反之，为逆时针方向。可以令逆时针方向为正，那么：如果 $\sum_{i=1}^{n}\alpha_i=2\pi$，则判定 P 在多边形内；如果 $\sum_{i=1}^{n}\alpha_i=0$，则判定 P 在多边形外。

需要注意一种特殊情况，如图 2-7 所示。

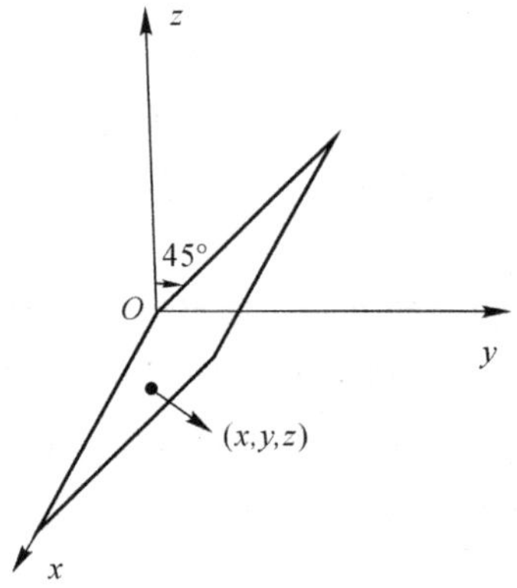

图 2-7　特殊位置的壁面

当壁面所处的平面恰好穿过一个坐标轴且与另外两个轴夹角为 45° 时（例如在此面上任意点处的 y 坐标等于 z 坐标），不论点在实际壁面范围以内或以外，D 都

为 0，这时点在实际壁面范围以外的判断条件就不是 $\sum_{i=1}^{n}\alpha_i=0$。因此，判定点是否在实际壁面范围以内可判断 $\sum_{i=1}^{n}\alpha_i$ 是否等于 2π，若等于 2π，则在实际壁面以内；反之，在实际壁面以外。

事实上，在编程实现这种方法时，由于采用浮点变量进行运算，所得的夹角和一般并不恰好等于 2π，这时只需要把结果减去 2π，所得结果的绝对值如果小于一个设定的阈值，那么就可以认为夹角和为 2π。

3. *确定声线反射方向*

声线在与壁面碰撞后，能量会被吸收一部分，如果能量没有小于设定的阈值，那么声线会向新的方向继续前进。在声线跟踪基本算法里，声线反射遵循镜面反射原理。求声线反射方向可利用镜像点方法，如图 2-8 所示，首先需要求出声源点 P 关于碰撞壁面的镜像点 P'，镜像点与碰撞点之间连线的方向就可以作为碰撞后声线的反射方向，这时碰撞点就作为计算下一次声线反射方向时的声源点。

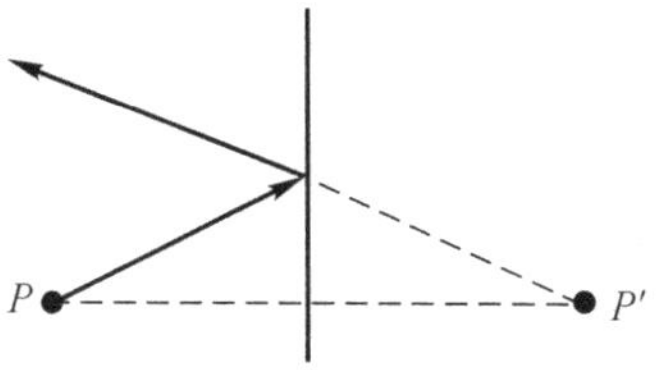

图 2-8　镜像点法求反射方向

2.2.4　声接收

为了确定哪些声线对接收点有贡献，一般认为通过接收点周围一定接收体积内的声线到达了该接收点。接收器形状、大小不同，接收到的声线的数量也会有所不同，这直接导致接收过程具有指向特性。

在模拟计算中，为了尽可能减小接收器的方向性，一般选择以接收点作为球心的球体作为接收域。这个球体体积大小的不同会造成到达球体的声线数目不同，在计算中，不同数量的声线会造成计算结果的不同，以声压级为例，有时会造成结果相差 3 dB。可见接收球体的大小并不能任意给定。现在对于接收球体的大小一般由经验公式确定，有

$$r=\lg(V)d_{\mathrm{SR}}\sqrt{\frac{4}{V}} \tag{2-31}$$

式中：r 为接收球体半径；V 为声场空间的体积；d_{SR} 是声源与接收点之间的直线距离。

如果仅仅考虑声线的几何传播过程，理论上持续的时间应该是无限的，但是随着声线的反射次数增多，其能量将越来越小。为了兼顾精度和效率，可以设定一个能量阈值来控制跟踪过程是否结束。如该阈值为 0.001 即表示当声线的能量小于初始能量的 0.1% 时就停止对它的跟踪，转而跟踪下一条声线。在实际的编程中阈值每减小为原来的 1/10，则对声线的声功率级跟踪阈值减小 10 dB。比如，初始声功率级为 90 dB：当阈值为 0.1 时，则当声压级衰减到 80 dB 时停止跟踪；当阈值为 0.01 时，则当声压级衰减到 70 dB 时停止跟踪；以此类推。

利用声线跟踪法进行室内声场模拟的程序流程如图 2-9 所示。

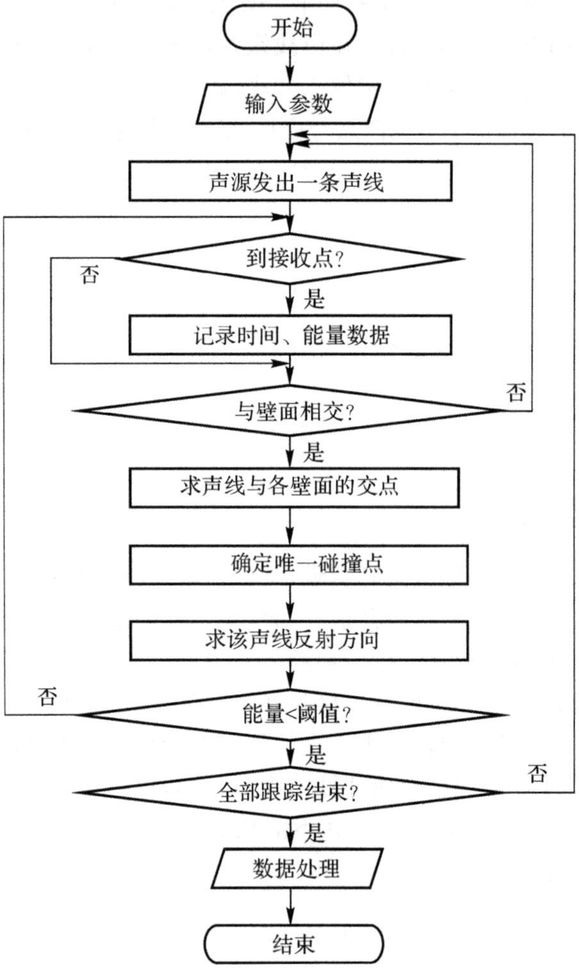

图 2-9　基本声线跟踪法流程图

2.3　复杂场景中的多重声反射跟踪算法

2.2 节推导了声线跟踪的基本算法，以下给出在该算法基础上通过改进建立的复杂场景中的多重声散射跟踪算法。改进主要包括以下几个方面：复杂形状、声散射、声障碍物、空气吸收、宽频带。

2.3.1　多重声散射的模拟方法

对于那些形状规则、壁面具有强反射能力，且内部障碍物少的空间而言，只考虑镜面反射是可行的，但实际的空间大多不符合这样的条件，因此仅仅考虑镜面反射是不够的。

对于那些不满足镜面反射规律的声反射，人们给予其新的定义，即散射(scattering)。它特指那些反射方向任意的反射情况。

散射在室内声场中发挥着巨大的作用，大多数情况下，扩散声场是封闭建筑设计所追求的目标。虽然扩散并不见得总是对室内声场的音质产生积极作用，但实际情况表明，许多类型的厅堂应当首先保证使其扩散程度更强，才能达到较好的听闻效果。

扩散声场具有两大特性：均匀性和各向同性。前者要求声场内声能密度均匀分布，显然仅仅依靠镜面反射是难以达到这一点的，因为镜面反射具有很明显的指向性，只有在声场趋于稳态并且在远场才可能符合这一要求；后者要求任意方向的声传播趋势是相同的，这对于那些结构简单、规则的空间而言，是不易做到的。而散射由于具有无规性，恰恰十分有利于声场达到上述两个要求。综合考虑，散射是任何室内声场计算机模型中都必须考虑的现象。

如图 2－10 所示，随机散射模型是处理散射因素应用较为普遍的一种模型，它认为声线在壁面只发生镜面反射和散射，二者的比例取决于两个系数：吸声系数 α 和散射系数 s。

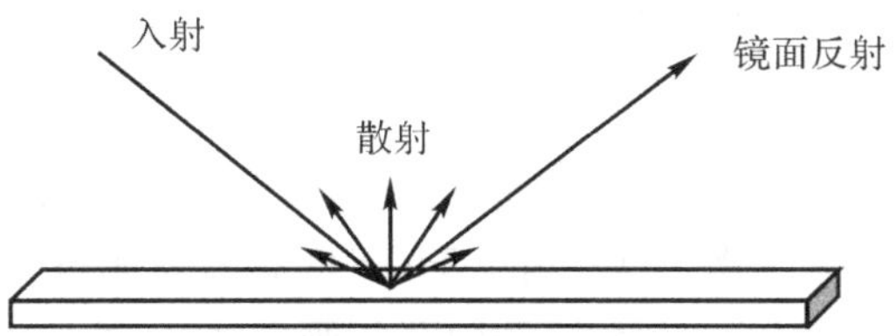

图 2－10　散射模型

随机散射模型的思路为：当声线与壁面碰撞时，先由计算机产生一个[0,1] 范

围内的随机数 r。

如果 $r < s$，则认为该声线将发生散射，散射声线的能量由壁面的吸声系数决定；散射声线的方向是随机的，其方向余弦为

$$\left.\begin{aligned}\alpha &= \sin\theta\sin\varphi\\ \beta &= \sin\theta\cos\varphi\\ \gamma &= \cos\theta\end{aligned}\right\} \tag{2-32}$$

式中：θ 和 φ 分别是其仰角和方位角。令仰角和方位角分别为

$$\left.\begin{aligned}\theta &= \arcsin r_1\\ \varphi &= 2\pi r_2\end{aligned}\right\} \tag{2-33}$$

式中：r_1 和 r_2 是由计算机产生的[0,1]内的两个相互独立的随机数。

如果 $r > s$，则认为声线发生镜面反射，声线的反射方向和能量与声线跟踪基本算法相同。

此处需要注意的是，当声线发生散射时，由于声线的反射方向是随机的，那么就有可能发生这样的情况：声线的方向是向室外发射的，如图 2-11 所示。

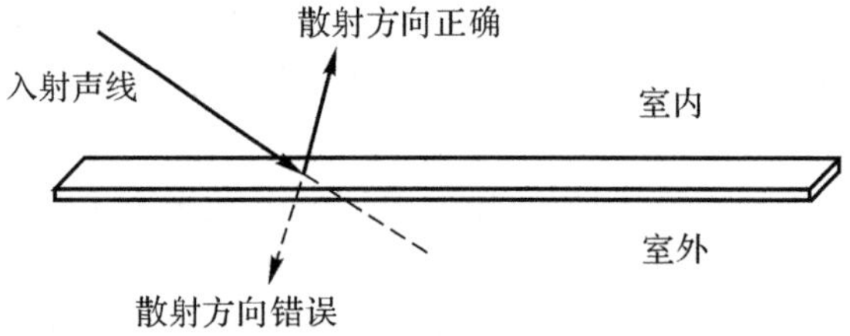

图 2-11　散射方向

判断散射方向是否指向室内的方法是在声线反射之后的方向上取一个离碰撞点很近的点，连接此点与声源点，连线会与壁面有一个交点。若此交点在刚才的两点之间，则说明散射方向指向室外，若交点在两点连线的延长线上，则说明散射方向指向室内。当散射方向指向室外时，只需将这时声线的方向向量取反就可以了。

2.3.2　室内声障碍物

不少关于室内声场模拟的研究以空房间为对象，但在实际的厅堂、厂房中，总会或多或少存在一些障碍物。有些情况下，还可能人为地布置一些散射体或隔声体以满足特定的声学需求。这时，声场的分析难度要比空房间情况大得多。实际上，镜面反射、散射等多种声学现象在室内声场中同时存在，它们所占的比例除了与空间结构有关外，还受障碍物形状、位置、数量等因素影响。由此可见，声障碍物的模拟在室内声场模拟中占有十分重要的地位。

在声线跟踪算法中，障碍物的处理方法与壁面类似，即将障碍物的形状用面来表示，若有曲面，可按情况模拟为几个平面，此处要注意的情况是，障碍物的两个表面均可吸声，而壁面只有内表面可以吸声。另外，如图 2-12 所示，当接收点距离障碍面较近时，会发生一种特殊情况，即声线穿过了接收球体，但是在障碍面的另一面穿过，因此在统计穿过接收球体的声线时，这类声线不能算在内。

当室内界面多，而且声障碍物也较多时，情况尤为复杂，需要准确计算声线与障碍物的关系，避免出现错误。

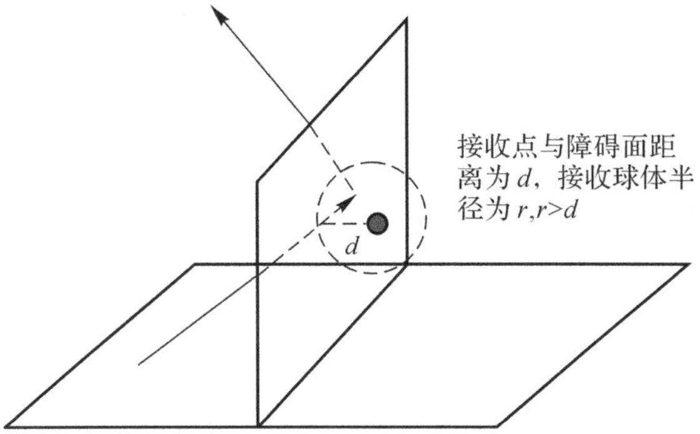

图 2-12　有障碍面时声源位置的特殊情况

当障碍物的形状较为复杂时：若尺度较大，可按照模拟室内界面的方法来模拟该障碍物；若尺度较小，则可以将障碍物简化为规则形状（如球体）来模拟。

2.3.3　声源指向性

前面我们讨论的前提是声源为无指向性，当实际的声源有指向性时，声线跟踪的初始声线需同时进行调整，即按照实际声源的指向性发射初始声线。

从室内声学基础理论来说，声源具备指向性时，常会对室内总声压级产生影响，此时用 Q 表示指向性因素的量，其定义为离声源中心某一位置上（一般常指远场）的有效声压二次方与同样功率的无指向性声源在同一位置产生的有效声压的二次方的比值，这一 Q 值自然与观察点同声源中心的连线的方向有关。按照 Q 的定义可以写出在某一方向离声源 r 处的有效声压二次方为

$$p_e^2=\frac{Q\overline{W}}{4\pi r^2}\rho_0 c_0 \tag{2-34}$$

根据式(2-34)，可以获得室内总声压级的公式

$$\mathrm{SPL}=\mathrm{SWL}+10\lg\left(\frac{Q}{4\pi r^2}+\frac{4}{R}\right) \tag{2-35}$$

其临界距离为

$$r = r_c = \frac{1}{4}\sqrt{\frac{QR}{\pi}} \tag{2-36}$$

由于Q值可以大于1或小于1,因此对于不同的方向临界距离就不一样。对于$Q>1$的方向,直达声场范围扩大,混响声场范围缩小;而对于$Q<1$的方向,混响声场范围扩大,直达声场范围缩小。

当声源位于空间中的不同位置时,即使是无指向性的,也常常会因为位置不同而产生类似于指向性的效果。例如,当声源靠近壁面时,相当于指向性因素增加1倍变为$Q=2$;如果点声源位于两壁面边线中心,那么声源能量集中在1/4空间内辐射,$Q=4$;如果点声源放在房间的一角,那么声源能量集中在1/8空间内辐射,$Q=8$。这时声源辐射功率相当于放在房间中心的8倍。

2.3.4 声在空气中的衰减

室内声场中的吸声因素除了壁面吸声外还有空气吸声。根据几何声学原理,声线在到达壁面前沿直线传播,所以这期间的传播衰减主要取决于空气吸声。这种吸收作用的大小主要取决于空气的相对湿度和声波的频率。在常温下,湿度越大,空气吸声影响越小;而声波频率越高,吸收作用越明显。

对于小尺度的封闭空间,由于传播距离短,且更受关注的是低频段,所以空气吸收部分可以忽略不计;但对于大尺度空间,对这部分则应该加以考虑。

设声线所携带的平均声强为I,传播方向为x轴方向,当它在空间传播了距离$\mathrm{d}x$时,由于媒质的吸收相应地变化了$\mathrm{d}I$。这一变化量$\mathrm{d}I$与原来的声强I以及传播距离$\mathrm{d}x$成正比,其比例系数为2α,并考虑到声强是随距离增加而减小的,即当$\mathrm{d}x$为正时,$\mathrm{d}I$应为负,所以可得如下关系:

$$\mathrm{d}I = -2\alpha I\,\mathrm{d}x \tag{2-37}$$

或写成

$$\frac{\mathrm{d}I}{I} = -2\alpha\mathrm{d}x \tag{2-38}$$

由此积分得

$$I = I_0 \mathrm{e}^{-2\alpha x} \tag{2-39}$$

式中:I_0为参考位置$x=0$处的声强;2α称为声强吸收系数。

可见,由于媒质的吸收,声强将以指数规律衰减。由于声强与有效声压二次方成正比,因而从式(2-39)可得有效声压的吸收公式:

$$p_e = p_{e0} \mathrm{e}^{-\alpha x} \tag{2-40}$$

式中:α为声压吸收系数。

2.4　房间脉冲响应

通过上述的声线跟踪算法,即可完成对室内声场的仿真。在一个仿真任务中,通常获得的首先是房间脉冲响应。室内声学中的房间脉冲响应是指在一个特定空间内,某一声源的脉冲激励下,接收点所得到的响应,即声源到接收点的通道响应函数。一个典型的房间脉冲响应的示意图如图 2-13 所示。

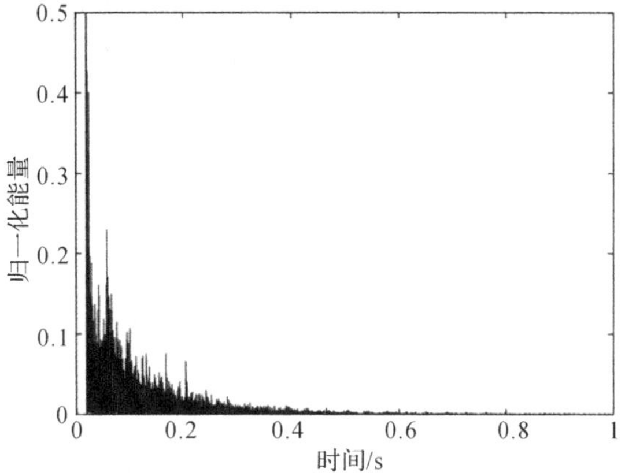

图 2-13　房间脉冲响应示意图

如果把声源至接收点之间的系统看作一个线性系统,就可以由该系统的通道特性来了解这个封闭空间的这些声学信息,并可根据线性系统理论由声源信号求输出信号。事实上,由于室内声场内的声能密度、声压等参数都满足齐次性和叠加性,封闭空间、声源、声传播方式及接收器所构成的整体完全可以当作一个线性系统来处理,如图 2-14 所示。

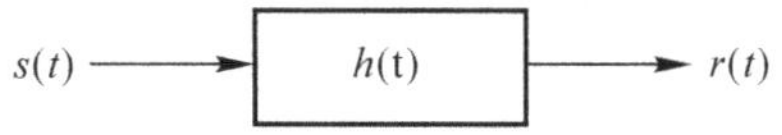

图 2-14　室内声场系统

这一系统的通道特性用声源至接收点的传递函数来描述,在时域则可用脉冲响应函数来描述。所谓房间脉冲响应,指的是输入声音信号、声学环境、输出的重造可听声信号三者所构成的系统的脉冲响应函数。具体而言,它表示的是整个声学环境中声能量随时间的变化情况,它的计算速度、精度直接反映整个系统的速度与精度。根据线性系统理论,接收点的信号可由下式求得:

$$r(t) = s(t) * h(t) \tag{2-41}$$

式中：$s(t)$ 为声源信号；$h(t)$ 为房间脉冲响应；* 代表卷积处理。

由式(2-41)可知，当声源信号已知时，只要得到室内声场系统的脉冲响应函数或传递函数，就可以很方便地求得接收点的信号。反之，若在系统中已知声源信号及接收点信号，就可以通过解卷积求得房间脉冲响应。在室内声场仿真中，当用声线跟踪法或者是其他各类方法获得房间脉冲响应后，就可以根据前面所介绍的各类室内声学参数的定义进行求解。此处给出混响时间求解的示例（详见 1.2.3 小节）。

混响时间在音质评价中的作用无疑是非常重要的，但是，许多建筑声学研究者发现，当不同的建筑具有相同的混响时间时，或者同一声场中位置不同时（混响时间相近），音质的听感也往往存在很大的差异。这表明混响时间并不能反映封闭声场内与音质有关的全部物理特性。后来，一些类似指标陆续被提出，包括早期衰减时间(Early Decay Time, EDT)，混响时间 ET_{10}、ET_{20}、ET_{30} 等，计算方式如图 2-15 所示。

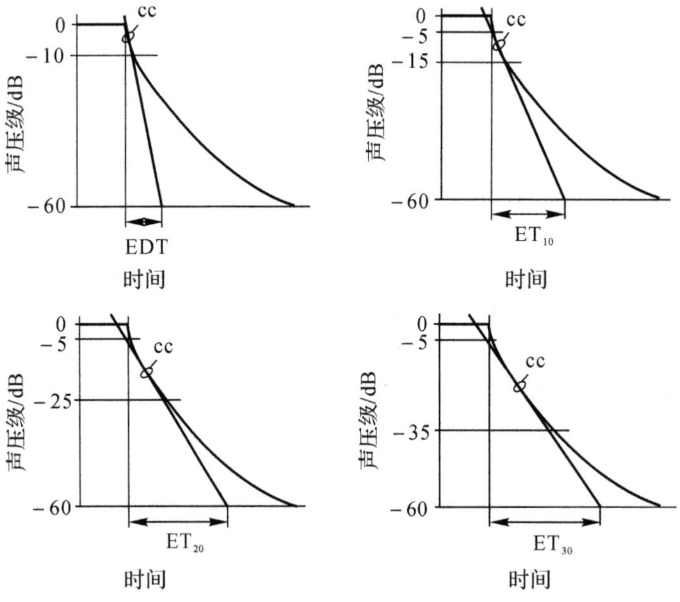

图 2-15　EDT、ET_{10}，ET_{20}，ET_{30}示意图

如图 2-15 所示，声压级从 0 dB 衰减到 −10 dB 所用时间记为 EDT，−5 dB 下降到 −15 dB 所用时间记为 ET_{10}，−5 dB 下降到 −25 dB 所用时间记为 ET_{20}，−5 dB 下降到 −35 dB 所用时间记为 ET_{30}。如果能量衰减曲线的线性程度较好，各混响时间应有如下关系：

$$T_{60} \approx T_{10}(=\mathrm{ET}_{10}\times 6) \approx T_{20}(=\mathrm{ET}_{20}\times 3) \approx T_{30}(=\mathrm{ET}_{30}\times 2) \tag{2-42}$$

2.5　虚声源法

以几何声学为基础的另一种经典方法是虚声源法。它也是最早用于数字式声场模拟的方法。这种方法可用于简单空间(如一般的矩形空间、单层海水声道、隧道噪声场)的分析和研究。

根据几何声学原理,声源在封闭空间的各个壁面的对称点存在着它的“像”,称之为虚声源(Image Source)。该虚声源又可由其他壁面类似地产生它的下一级虚声源,以此类推,如图 2-16 所示。不同级别虚声源的能量取决于它赖以产生的壁面的吸声系数和该虚声源的级别。当获知全部虚声源的位置及能量(或声压)后,就可以把声源对于接收点的贡献等效为这些虚声源中对接收位置有贡献的虚声源的贡献之和。

图 2-17 所示为各级虚声源之间的关系,不难看出,虚声源的数目与反射级数和壁面数都有关系。随着虚声源级数的增加,总虚声源数按指数规律递增,但是,并非所有这些虚声源都对封闭声场内的接收点有贡献。事实上,有贡献的虚声源只占很小的比例。

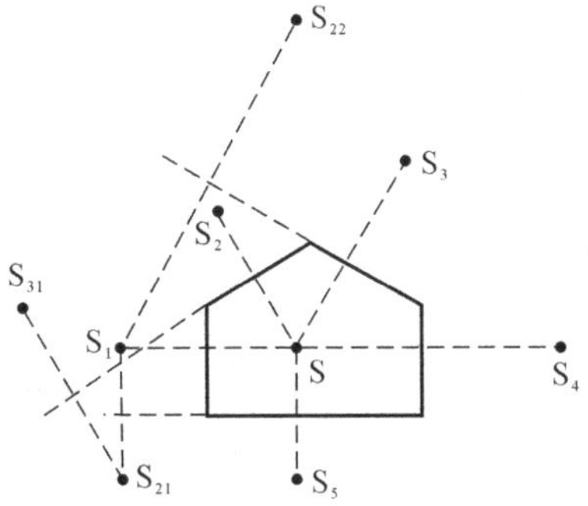

图 2-16　虚声源

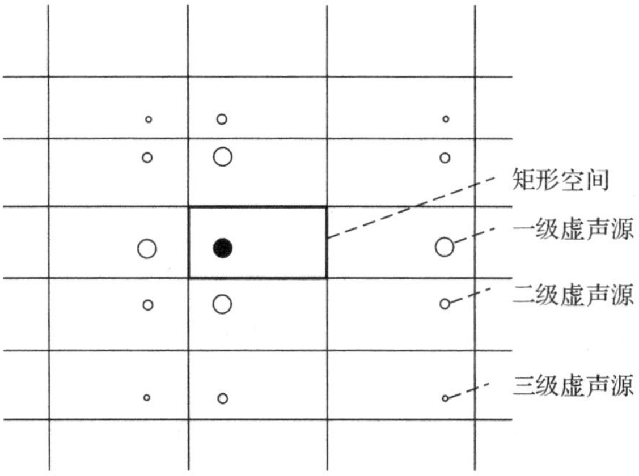

图 2-17　各级虚声源之间的关系

不妨设某空间有个 n_w 壁面,声源经过这些壁面的镜像作用共产生个 n_w 一级虚声源,它们又可产生 $n_w(n_w-1)$ 个二级虚声源,以此类推,直到第 i 级。此时,总的虚声源数目为

$$N_t = n_w[(n_w-1)^i - 1]/(n_w-2) \tag{2-43}$$

估算“可见”虚声源，即有贡献虚声源数目的公式如下：

$$N_v \approx 4\pi\,(c \cdot t_{max})^3/(3V) \tag{2-44}$$

式中：t_{max} 为脉冲响应的长度；V 为空间的体积。

例如，对一个体积为 $V=5\ 000\ m^3$，有 30 面墙壁的音乐厅，若需计算的脉冲长度为 400 ms，所考虑的最大虚声源级数为 10 级，则总虚声源数目为 4.5×10^{14} 个，而可见虚声源的数目约为 2 200 个，总虚声源数是可见虚声源数的 2×10^{11} 倍有余。这表明可见虚声源所占的比例确实微乎其微。

因此，在虚声源法中，一个很重要的步骤就是虚声源的可见性判断，也就是要从全部的虚声源中，确定哪一些是对接收位置有贡献的虚声源。这一过程需要遵循的原则是：产生虚声源的壁面必须与虚声源、接收点的连线有实际的交点。如图 2-18 所示，对于声源 S 和接收点，一级虚声源 S_1 是可见的，而二级虚声源 S_2 则是不可见的。

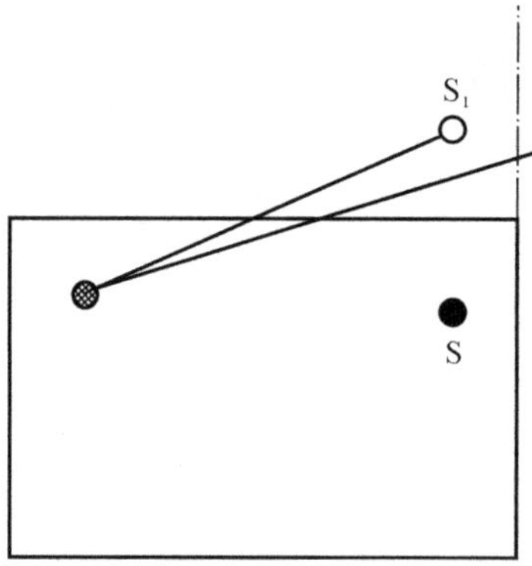

图 2-18　虚声源可见性判断

在虚声源可见性判断过程中，每次均需完成大量的求交运算以及点包含性检验等工作，这将耗费一定的时间，而待检验的虚声源数目巨大，因此，从总虚声源中确定可见虚声源是一项极费时间的工作。要得到同样长度的脉冲响应，对于虚声源法来讲，所需时间远远大于声线跟踪法。因此，也可以说虚声源法的计算效率是很低的，这也是目前很少有单独利用虚声源法来进行声场模拟的原因。

当确定所有的可见虚声源后，就可以利用下式计算接收点处的声学响应：

$$\Phi = \frac{I_0 e^{jkd_0}}{4\pi d_0} + \sum_{n=1}^{N} \frac{I_0\,(1-\alpha)^n e^{jkd_n}}{4\pi d_n} \tag{2-45}$$

式中：d_0 表示在室内空间中，实际声源与接收点之间的直达距离；d_n 表示第 n 级虚声源与声源之间的距离；I_0 表示声源的初始能量。

2.6　统计能量分析法

统计能量分析是随着航空航天技术的迅速发展对大型复杂轻巧飞行器提出更高的可靠性要求而发展起来的。20 世纪 60 年代初期，声振环境预示的实验研究一方面是不断增加实际飞行实验测量的数据，提高测试质量，另一方面是大力发展地面声振模拟实验。声振环境预示的研究主要有三个方面：一是相似结构外推法，包括频率响应法和比例法等；二是传统的模态方法，包括含有限元方法等；三是统计能量分析方法。

根据统计能量分析模型中每个子系统模态密度 $n(f)$ 的大小或带宽 Δf 内振型数 N 的多少，可把所研究对象的频率范围划分为低频区、中频区、高频区：

当 $N<1$ 时，定义为低频区；

当 $N>5$ 时，定义为高频区；

当 $1<N<5$ 时，定义为中频区。

按目前统计能量分析发展的水平，统计能量分析适用于解决高频区内的复杂系统动力学问题，而模态法和有限元法适用于解决低频区内的系统动力学问题。

统计能量分析法认为，一个机械系统或流体系统都可以借助一系列的子系统来构成系统分析模型，其中每个子系统都是包含许多模态的振荡器。在建立统计能量分析模型时，有以下普遍的基本假设：

(1) 在模型中的各子系统之间的耦合是线性的、守恒的耦合，即这些耦合都是弹性耦合、惯性耦合或回转力耦合，不存在非保守性质的耦合特征。

(2) 能量是在所研究的频带内各个具有共振频率的子系统之间流动的。

(3) 系统所受的力为互不相关的宽带随机激励，这些随机激励在统计上是独立的，所以，它们具有模态非相干性，并可以应用能量的线性相加原理。

(4) 在给定的子系统中，给定频带内所有共振模态之间能量等分。

(5) 互异性原理适用于不同的子系统间。

(6) 任两个子系统间的能量流与振动时耦合的子系统间的实际能量差成正比。

2.6.1　统计能量分析模型

一个在稳态下受到单一频率激励源驱动的单自由度振荡器，其内部存有势能和动能。当振动系统处于稳态情况下输入功率 P_{in}，必定与耗散功率 P_d 相平衡，通过阻尼耗散的功率与储存在振荡器中的能量有关：

$$P_d=C_r x^2=2\xi\omega_n m x^2=2\xi\omega_n E=\frac{\omega_n E}{Q}=\omega_n E\eta \tag{2-46}$$

式中：C_r 为黏性阻尼系数；ξ 为阻尼比：ω_n 为固有角频率；E 为储存的能量；Q 为品质因子；η 为损耗因子。

对于单自由度振荡器的功率损耗概念可以推广至一定频率带宽内的一系列振荡器组成的子系统，即

$$P_d = \frac{\omega E}{Q} = \omega E \eta \tag{2-47}$$

式中：ω 为频带的几何平均中心频率；η 为该频带内所有模态的平均损耗因子。

当两个子系统耦合到一起时，两子系统若都受到具有相同带宽的谱激励，这些激励在统计上相互独立时，子系统之间必然存在能量的流动。这种能量的流动的时平均值与相互耦合的子系统实际总振动能量之差成正比，即

$$\langle P_{in} \rangle = \beta\{\langle E_1 \rangle - \langle E_2 \rangle\} \tag{2-48}$$

式中：$\langle\rangle$ 为平均值；$\langle E_1 \rangle$、$\langle E_2 \rangle$ 为两种子系统的实际时平均能量；β 为比例常数。

从式(2－48) 中可以看到以下几点：

(1) 子系统间的能量流是由具有较高能量者向具有较低能量者流动的。

(2) 能量流的大小与时平均能量差值成正比。

(3) 该基本方程对线性耦合的子系统间的能量流都是适用的。

更进一步的形式是包含了模态密度或耦合损耗因子在内的方程式

$$\langle P_{12} \rangle = \gamma\left\{\frac{\langle E_1 \rangle}{n_1} - \frac{\langle E_2 \rangle}{n_2}\right\} \tag{2-49}$$

式中：n_1，n_2 称为模态密度，即单位频率带宽内的模态数。该参数是表征该子系统在某一特定频带内接受外界能量的能力，模态越密集即共振峰越多就越容易被激发起振动，当然，振动能量也就越容易输入该子系统。$\langle E_1 \rangle/n_1$，$\langle E_2 \rangle/n_2$ 称为模态能量，表明该频带内每个模态的平均能量水平。

能量流基本方程还可以表示为

$$\langle P_{12} \rangle = \omega\langle E_1 \rangle\eta_{12} - \omega\langle E_2 \rangle\eta_{12} \tag{2-50}$$

式中：η 为两子系统间耦合损耗因子，由于能量从子系统 1 向子系统 2 流动或由子系统 2 向子系统 1 流动时的能量损耗是不同的，所以，η 值并不相同。

由式(2－50) 可得

$$\left.\begin{aligned}\frac{\gamma}{n_1} &= \omega\eta_{12}\\ \frac{\gamma}{n_2} &= \omega\eta_{21}\end{aligned}\right\} \tag{2-51}$$

所以有

$$n_1\eta_{12} = n_2\eta_{21} \tag{2-52}$$

两子系统间的互异性关系式(或称相容性关系式) 为

$$P_{12}=\omega\eta_{12}\left\{\langle E_1\rangle-\frac{n_1}{n_2}\langle E_2\rangle\right\} \qquad (2-53)$$

最简单的二子系统统计能量分析模型，其中，一个子系统由外力驱动，另一个则通过耦合而受到激发。该模型如图 2－19 所示。

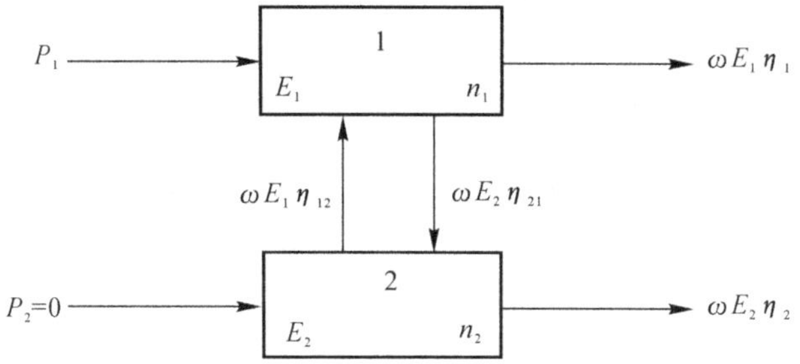

图 2－19　子系统统计能量分析模型

图 2－19 中，P_1 为输入子系统 1 的功率流，P_2 为输入子系统 2 的功率流。此时，$P_2=0$；n_1、n_2 分别为二子系统的内部损耗因子；η_1、η_2 分别为子系统 1 到子系统 2 和子系统 2 到子系统 1 的耦合损耗因子，E_1、E_2 为与子系统 1 和 2 有关的振动能量。子系统 1 的内部能量损耗量为 $\omega E_1\eta_1$，子系统 2 的内部能量损耗量为 $\omega E_2\eta_2$。

内部能量损耗是由阻尼、声辐射等所消耗的能量。子系统由耦合而损耗的能量则分别为 $\omega E_1\eta_{12}$、$\omega E_2\eta_{21}$，这是与另一子系统耦合而损失的能量。由功率平衡关系得到

$$\left.\begin{aligned}P_1&=\omega E_1\eta_1+\omega E_1\eta_{12}-\omega E_2\eta_{21}\\0&=\omega E_2\eta_2+\omega E_2\eta_{21}-\omega E_1\eta_{21}\end{aligned}\right\} \qquad (2-54)$$

由式(2－54) 可解出系统的稳态能量比

$$\frac{E_2^*}{E_1^*}=\frac{\eta_{12}}{\eta_2+\eta_{21}} \qquad (2-55)$$

式中：$E_1^*=E_1/n_1$；$E_2^*=E_2/n_2$。

由式(2－55) 可知，耦合子系统间的能量比可以方便地从内部损耗因子和耦合损耗因子计算出来。

统计能量分析之所以成为受高频宽带随机激励的复杂工程结构系统动力学分析的有效方法，重要的一点在于这种方法建模时把一个复杂的声学系统划分成若干个便于分析的独立子系统，每个子系统的模态特性相同，并且以某种方式与其他子系统相互耦合。其分析的目标不是每个模态的精确响应，而是整个模态集合的统计意义上的平均响应水平。

对第 i 个子系统，其内部损耗功率 $P_{id}=\omega\eta_iE_i$，其中，内部损耗因子 η_i 由阻尼损耗因子、结构声辐射损耗因子和边界连接损耗因子三种因素组合而成。i 子系统向

j 子系统的功率流为

$$\left.\begin{aligned} &P_{ij}=\omega\eta_{ij}E_i-\omega\eta_{ji}E_j\\ &n_i\eta_{ij}=n_j\eta_{ji}\\ &P_{i,\mathrm{in}}=P_{i\mathrm{d}}+\sum_{j=1,j\neq i}^{N}P_{ij}\\ &P_{i,\mathrm{in}}=\omega\sum_{k=1}^{N}\eta_{ik}E_i-\omega\sum_{j=1,j\neq i}^{N}\eta_{ji}E_i \end{aligned}\right\}i=1,2,\cdots,N \tag{2-56}$$

代入 $n_i\eta_{ij}=n_j\eta_{ji}$ 关系，可得到如下统计能量分析系统方程：

$$\omega\boldsymbol{A}\begin{bmatrix}E_1/n_1\\E_2/n_2\\\vdots\\E_N/n_N\end{bmatrix}=\begin{bmatrix}P_1\\P_2\\\vdots\\P_N\end{bmatrix} \tag{2-57}$$

式中：

$$\mathbf{A}=\begin{bmatrix}(\eta_1+\sum\limits_{i=1}^{N}\eta_{1i})n_1 & -\eta_{12}n_1 & \cdots & -\eta_{1N}n_1\\ -\eta_{21}n_2 & (\eta_2+\sum\limits_{i=2}^{N}\eta_{2i})n_2 & \cdots & -\eta_{2N}n_2\\ \vdots & \vdots & & \vdots\\ -\eta_{N1}n_N & -\eta_{N2}n_N & \cdots & (\eta_N+\sum\limits_{i=1}^{N}\eta_{Ni})n_N\end{bmatrix} \tag{2-58}$$

2.6.2 统计能量分析内损耗因子

子系统的内部损耗因子是指系统在单位频率内，单位时间损耗的能量与平均储存的能量之比。

在机械机构中，子系统的内部损耗因子主要是由以下三种阻尼机理构成的：

$$\eta=\eta_\mathrm{s}+\eta_\mathrm{r}+\eta_\mathrm{b} \tag{2-59}$$

式中：η_s 为子系统材料内摩擦形成的损耗因子；η_r 为子系统因振动造成向环境进行声辐射的阻尼形成的损耗因子；η_b 为子系统边界连接阻尼构成的损耗因子。

由式(2-59)可见，影响子系统损耗因子的因素是复杂的，它与子系统的材料、声辐射特性、与其他子系统的连接方式等有关。正因为如此，内部损耗因子往往不能通过公式计算得到，而必须通过测试的方法获得。

当子系统为声场时，其内部损耗因子是通过声混响时间获得的。所谓混响时间，是指声容积内声能量级衰减至其原始值的1/60，即60 dB时所花的时间。声容积内部损耗因子的计算公式为

$$\eta = \frac{13.82}{\omega T_{60}} = \frac{2.2}{f T_{60}} \tag{2-60}$$

式中：T_{60} 为容积内声能衰减 60 dB 的时间。

子系统的内部损耗因子的定义为

$$\eta = \frac{P_{\text{in}}}{\omega E} \tag{2-61}$$

可见，要较精确测量子系统的内部损耗因子，关键在于精确测量外激励源对系统的输入功率 P_{in} 及系统的能量 E。

2.6.3　统计能量分析耦合损耗因子

在统计能量分析中，子系统之间能量流动特性是个十分重要的参数。在研究子系统间能量的流动时，子系统相互连接的方式影响子系统间的耦合作用，借助这种耦合作用，被直接激励的子系统的能量传向被间接激励的子系统。两子系统间耦合程度的强弱是通过耦合损耗因子大小来描述的，耦合损耗因子就是两个耦合子系统 i 和 j 之间的链。如果 $\eta_{ij} > \eta_i$，且 $\eta_{ij} > \eta_j$，则称两子系统是弱耦合。这里特别要注意的是 $\eta_{ij} \neq \eta_i$。在统计能量分析中，具有弱耦合的系统分析比较方便。

耦合损耗因子可以通过波传播分析从理论上推导出来，但是对一些复杂的连接方式，很难从理论上得到而必须求助于实验的方法来获取耦合损耗因子。在一些相对简单的结构元件之间，可以推导得耦合损耗因子理论表达式，如板之间的线连接，板-梁结合，梁-梁结合，板-声容积耦合，等等。耦合损耗因子也是频率的函数，这是因为不同频率、不同振型群体的能量流动是不相同的。

计算耦合损耗因子的方法有很多种，这里仅给出部分典型结构的具体计算公式。

1. 结构子系统间的耦合损耗因子

(1) 点连接两子结构间的耦合损耗因子。点连接的二梁结构弱耦合情况下的耦合损耗因子计算公式为

$$\eta_{12} = \frac{2R_{\text{B1}}R_{\text{B2}}}{\pi\omega n_1(\omega)\left|Z_{\text{B1}} + Z_{\text{B2}}\right|^2} \tag{2-62}$$

梁与板垂直点连接耦合损耗因子计算公式为

$$\eta_{\text{bp}} = \frac{(2\rho_{\text{b}} S_{\text{b}} r_{\text{b}} C_{\text{lb}})^2 \text{Re}[Z_{\text{pm2}}^{-1}]}{\omega M_{\text{b}}}\left|\frac{Z_{\text{pm2}}}{Z_{\text{bm1}} + Z_{\text{pm2}}}\right|^2 \tag{2-63}$$

(2) 线连接两子结构间的耦合损耗因子。设线连接的两板间的连接长度为 l，则其耦合损耗因子与传递系数有关，即

$$\eta_{12} = \frac{l C_{\text{g}}}{\pi\omega A_1}\tau_{12} \tag{2-64}$$

如果两块板互相垂直构成“T”形系统，有传递系数 τ_{12} 的经验公式：

$$\tau_{12}=\begin{cases}8/27, & \text{二板等刚度}\\ D_1/D_2, & \text{刚度 } D_2>D_1\end{cases} \tag{2-65}$$

当二平板通过加强梁水平连接时，若此二平板材料与厚度相同，可按如下公式计算传递系数 τ_{12}：

$$\tau_{12}=\frac{2R_p C_{lp}\rho_{sp}}{C_{fb}\rho_{lb}}\left(1+64\,\frac{\rho_{sp}C_{fp}}{\omega\rho_{lb}}\right) \tag{2-66}$$

对于线连接的两曲板或两筒壳沿周向线连接时，其传递系数为

$$\tau_{12}=\frac{2\rho_1 C_{f1}\rho_2 C_{f2}}{(\rho_1 C_{f1}+\rho_2 C_{f2})^2} \tag{2-67}$$

2. *声场与结构间的耦合损耗因子*

假定子声场(a)与子结构(s)之间有连接接触面(面积为 A_p)，则耦合损耗因子与该结构的辐射比 σ_{sa} 有关，即

$$\eta_{sa}=\frac{\rho_a C_a}{\omega\rho_s}\sigma_{sa} \tag{2-68}$$

3. *声场间的耦合损耗因子*

考虑两个子声场 1、3 被隔板 2 分开的系统。子声场 1 到子声场 3 的耦合损耗因子的计算公式为

$$\eta_{13}=\frac{C_1 A_p}{4\omega V_1}\tau_{13} \tag{2-69}$$

式中：传递系数 τ_{13} 为

$$\tau_{13}^{-1}=\begin{cases}\dfrac{\pi^9\rho_s^2}{2^{13}\rho_1^2 A_p}\left[1-\left(\dfrac{10\omega}{\omega_c}\right)^2\right]+\left(\dfrac{\omega\rho_s}{2\rho_1 C_1}\right)^2, & \omega_0<\omega<0.1\omega_c\\ \left(\dfrac{\omega\rho_s}{2\rho_1 C_1}\right)^2, & 0.1\omega_c<\omega<\omega_c\end{cases} \tag{2-70}$$

上面给出了统计能量分析的原理、求解步骤和典型结构的统计能量分析参数，可以看出，统计能量分析明显的优点是：采用统计描述，使得对系统的描述和分析计算大大简化；采用的主要变量是能量，这些变量是可以直接测量的，而其他变量如位移和声压等均可从能量中解得，这样就可以不计及其他不同参数之间的差别，统一由一组能量方程表示，并且这是一组标量方程，很容易解得各子系统的能量值。

2.6.4 统计能量分析输入功率

统计能量分析法与振动模态分析法不同，该系统的输入不是力、力矩、速度、位移等，而是以功率的形式出现。这是因为统计能量分析法所处理的是能量的输入、能量的流动以及能量的输出，它是一种描述系统内能量平衡的分析方法。

其输入功率来自外界的激励，可以是力、力矩、速度、位移、声压等，也可以是另

外的系统。为计算统计能量分析模型中的第 i 个子系统的输入功率 $P_{i,\mathrm{in}}$，需要了解以下情况：

(1) 激励源的激励量级及其时空频率分布。

(2) 激励源系统的输出阻抗特性。

(3) 接受功率的子系统的输入阻抗特性。

在一般复杂的情况下，上述的三个条件是比较难以满足的，所以，通过分析计算的方法确定某子系统的输入功率的情况比较少，只有在很简单的情况下，才可得到输入功率的精确理论表达式。绝大多数的情况都必须进行一些假设 —— 把实际激励简化为理想力源(输出阻抗为零)或理想速度源(输出阻抗无限大)，把实际激励简化为理想点源、均匀线源或均匀面源等等。

输入功率与接受功率的子系统在输入点处的阻抗特性有很密切的联系。同时，子系统在功率输入点处的阻抗特性也很难精确表示。只有在特殊情况下才能用理论表达式精确地建立起阻抗特性分析式，多数情况下只能通过简化的方法近似地表达，或干脆采用测量值也不失为一种工程上解决问题的好办法。由于输入功率可以表达为力谱与速度谱的乘积，涉及的输入阻抗也与频率有关，因而输入功率也是频率的函数。

在很多实际工程问题中，可以把声源或振源简化为点源，其简化的准则如下：

(1) 当激励源作用在接受子系统上的面积小于 λ^2 时，可采用"点源"激励源模型。此处，λ 为子系统振动波长。

(2) 当接触面积的最大尺寸小于 $\lambda/4$ 时，用点源模拟激励造成的分析误差小于 1 dB。

(3) 对大多数系统而言，波长随频率而变化，所以，简化时还要考虑所研究的频带。

在上述条件下，声源或振源简化为点源，对任意接受子系统的输入功率为

$$P_{\mathrm{in}} = \frac{1}{2}\mathrm{Re}[F(\omega)V^*(\omega)] \tag{2-71}$$

当源的输出阻抗为零时，称为理想力源。输入功率简化为

$$P_{\mathrm{in}} = 1/2\,|F(\omega)|^2\mathrm{Re}[Y(\omega)] \tag{2-72}$$

式中：$F(\omega)$ 为源系统受挡力频谱；$Y(\omega)$ 为子系统接触点处的导纳。

第3章　波动声场仿真算法

与适用于扩散声场的仿真算法不同，本章所要介绍的波动声场仿真算法是一类严格的、以求解偏微分方程为基础的算法。由于能够准确模拟室内的干涉、衍射等波动声学现象，因此特别适用于小尺度空间或者低频段的声场仿真。

3.1　波动声学基础理论

3.1.1　简正波理论

假设一个矩形房间的长、宽、高分别为 l_x, l_y, l_z，波动方程为

$$\nabla^2 p - \frac{1}{c_0^2}\frac{\partial^2 p}{\partial t^2} = 0 \tag{3-1}$$

如果假设房间的内壁是刚性的，并且把坐标原点取在房间的一个角上，那么所有壁面的边界条件可以表示为

$$\left.\begin{aligned} (v_x)_{x=0,x=l_x} &= 0 \\ (v_y)_{y=0,y=l_y} &= 0 \\ (v_z)_{z=0,z=l_z} &= 0 \end{aligned}\right\} \tag{3-2}$$

式中：v_x, v_y, v_z 分别表示质点速度在 x, y, z 轴方向的分量。

根据偏微分方程求解理论可知，对于式(3-1)，满足上述边界条件的特解为

$$p_n = A_{n_x n_y n_z} \cos k_x x \cos k_y y \cos k_z z \, e^{j\omega_n t} \tag{3-3}$$

式中：k_x, k_y, k_z 分别为 x, y, z 轴方向上的波数分量，有

$$\left.\begin{aligned} k_x &= \frac{\omega_x}{c_0} = \frac{n_x \pi}{l_x} \\ k_y &= \frac{\omega_y}{c_0} = \frac{n_y \pi}{l_y} \\ k_z &= \frac{\omega_z}{c_0} = \frac{n_z \pi}{l_z} \end{aligned}\right\} \tag{3-4}$$

而 $k_n^2 = \left(\frac{\omega_n}{c_0}\right)^2 = k_x^2 + k_y^2 + k_z^2$，$\omega_n^2 = \omega_x^2 + \omega_y^2 + \omega_z^2$，则声波频率可以表示成

$$f_n = \frac{\omega_n}{2\pi} = \sqrt{f_x^2 + f_y^2 + f_z^2} = \frac{c_0}{2}\sqrt{\left(\frac{n_x}{l_x}\right)^2 + \left(\frac{n_y}{l_y}\right)^2 + \left(\frac{n_z}{l_z}\right)^2} \tag{3-5}$$

由于三角函数与指数函数有如下关系：

$$\left.\begin{aligned}\cos k_x x &= \frac{1}{2}(\mathrm{e}^{-\mathrm{j}k_x x} + \mathrm{e}^{\mathrm{j}k_x x})\\ \cos k_y y &= \frac{1}{2}(\mathrm{e}^{-\mathrm{j}k_y y} + \mathrm{e}^{\mathrm{j}k_y y})\\ \cos k_z z &= \frac{1}{2}(\mathrm{e}^{-\mathrm{j}k_z z} + \mathrm{e}^{\mathrm{j}k_z z})\end{aligned}\right\} \tag{3-6}$$

再设 $k_x = k_n\cos\alpha, k_y = k_n\cos\beta, k_z = k_n\cos\gamma$，那么对于式(3－1)，对应每一组$(n_x, n_y, n_z)$数值的特解就是传播方向由方向余弦$(\cos\alpha, \cos\beta, \cos\gamma)$决定的一种平面驻波。式(3－1)的一般解应是所有特解的线性叠加，因而室内总声压应表示成

$$p = \sum_{n_x=0}^{\infty}\sum_{n_y=0}^{\infty}\sum_{n_z=0}^{\infty} A_{n_x n_y n_z} \cos\frac{n_x \pi}{l_x}x \cos\frac{n_y\pi}{l_y}y \frac{n_z\pi}{l_z}z\,\mathrm{e}^{\mathrm{j}\omega_n t} \tag{3-7}$$

结合声学基础理论中有关声波在导管中传播的理论，式(3－7)表明在矩形房间中存在大量的简正波。

式(3－5)表明，可以将频率 f_n 表示成一个矢量形式，即

$$\boldsymbol{f}_n = f_x\boldsymbol{i} + f_y\boldsymbol{j} + f_z\boldsymbol{k} \tag{3-8}$$

这里 $\boldsymbol{i},\boldsymbol{j},\boldsymbol{k}$ 分别表示在 x,y,z 轴方向的单位矢量，其分量为

$$\left.\begin{aligned}f_x &= \frac{n_x c_0}{2l_x}\\ f_y &= \frac{n_y c_0}{2l_y}\\ f_z &= \frac{n_z c_0}{2l_z}\end{aligned}\right\} \tag{3-9}$$

这一 $\boldsymbol{f}_n$ 矢量的方向代表了相应简正波的行进方向，其大小表示该简正波的频率数值。我们把室内可能存在的简正波数分成三大类和七个分类：

1. 轴向波——与两个 n 等于零对应的驻波

x 轴向波，其行进方向与 x 轴平行$(n_y, n_z=0)$。

y 轴向波，其行进方向与 y 轴平行$(n_x, n_z=0)$。

z 轴向波，其行进方向与 z 轴平行$(n_y, n_x=0)$。

2. 切向波——与一个 n 等于零对应的驻波

yz 切向波，其行进方向与 y,z 轴平行$(n_x=0)$。

xz 切向波，其行进方向与 x,z 轴平行$(n_y=0)$。

xy 切向波，其行进方向与 x,y 轴平行$(n_z=0)$。

3. 斜向波——与三个 n 都不等于零对应的驻波

根据简正波理论，我们现在可以对前文中所描述的一个室内空间频率响应基本规律进行进一步的解释。在室内环境中，频率响应的一个基本特点是在低频段，

模态频率密度较低，也就是简正波的数量较少，而随着频率的升高，模态密度变大，也就是简正波的数量变大。此处利用简正波理论计算一定频率间隔内的简正波数。

我们以 f_x, f_y, f_z 构成一频率空间，每一简正频率 f_n 以及与其对应的简正波，可以用频率空间中的一个特征点来代替。根据简正波的数值特点，所有特征点的坐标在 x, y, z 轴的分量分别为$\frac{c_0}{2l_x}, \frac{c_0}{2l_y}, \frac{c_0}{2l_z}$ 的整数倍，且所有的简正波都被包括在正的 f_x, f_y, f_z 轴所构成的 1/8 的频率空间里。要分别计算以上各类简正波在某一频率 f 以下，或者在某个频带 $\mathrm{d}f$ 内的准确数目是比较困难的，因此，需要有一近似计算公式。假设每一特征点占有频率空间中的边长分别为$\frac{c_0}{2l_x}, \frac{c_0}{2l_y}, \frac{c_0}{2l_z}$的 1 个小矩形格子，特征点的平均数目可以由频率空间所占的体积被小矩形格子的体积除而得到。

对于轴向波，可以由频率空间中坐标轴上的一些特征点所代表，以 x 轴向波为例，其数量是以坐标轴为轴心、高为 f、截面积为$\frac{c_0^2}{4l_y l_z}$ 的矩形体积被小矩形格子体积$\frac{c_0^3}{8l_x l_y l_z}$ 来除，因此频率低于 f 的所有轴向波的平均数目应为

$$N_a = \frac{f\left(\frac{c_0^2}{4l_y l_z} + \frac{c_0^2}{4l_x l_z} + \frac{c_0^2}{4l_x l_y}\right)}{\frac{c_0^3}{8l_x l_y l_z}} = \frac{fL}{2c_0} \tag{3-10}$$

式中：$L = 4(l_x + l_y + l_z)$ 代表矩形房间的边线总长。

对于切向波，可以由频率空间中在坐标面上的一些特征点所代表，以 yz 切向波为例，其所占的体积就是在 $x = 0$ 的坐标面上，以 f 为半径的$\frac{1}{4}$ 圆面积乘上厚度为$\frac{c_0}{2l_x}$ 的圆盘体积，再减去在计算轴向波时已用过的那部分体积，所以 yz 切向波的平均数应等于$\frac{\pi f^2}{c_0^2} l_y l_z - \frac{f}{c_0}(l_x + l_z)$。用同样的方法可以计算出 xz 与 xy 切向波的平均数，于是频率低于 f 的所有切向波的平均数就等于

$$N_t = \frac{\pi f^2}{c_0^2}(l_y l_z + l_x l_z + l_x l_y) - \frac{f}{c_0}[(l_y + l_z) + (l_x + l_z) + (l_x + l_y)] = \frac{\pi f^2}{2c_0^2} S - \frac{fL}{2c_0} \tag{3-11}$$

式中：$S = 2(l_x l_y + l_y l_z + l_x l_z)$ 代表房间的壁面总面积。

对于斜向波，可以由频率空间中除去坐标轴和坐标面以外所有特征点代表，所以频率低于 f 的斜向波所占有的体积应等于半径为 f 的 1/8 球体积，减去轴向波与

切向波所占的体积，于是斜向波的平均数等于

$$N_b = \frac{4\pi f^2 V}{3c_0^3} - \frac{\pi f^2 S}{4c_0^2} + \frac{fL}{8c_0} \tag{3-12}$$

由此可得频率低于 f 的各类波的平均总数为

$$N = N_a + N_t + N_b = \frac{4\pi f^2 V}{3c_0^3} + \frac{\pi f^2 S}{4c_0^2} + \frac{fL}{8c_0} \tag{3-13}$$

式(3-13) 代表的是各类波的平均数。

将式(3-13) 对频率进行微分，可得在 $\mathrm{d}f$ 内的简正频率数

$$\mathrm{d}N = \left(\frac{4\pi f^2 V}{c_0^3} + \frac{\pi f S}{2c_0^2} + \frac{L}{8c_0}\right)\mathrm{d}f \tag{3-14}$$

式(3-14) 表明，在频率 f 附近的 $\mathrm{d}f$ 频带内的简正频率数基本上与频率二次方成正比。这也就解释了为什么在低频段模态密度较小，而高频段模态密度较大。据式(3-14) 可粗略看出，如果声源不是发出单频而是具有一定频带宽度的声波，并且其中心频率比较高，房间的体积比较大，或者说与中心频率对应的声波波长比房间的平均线度小很多，那么房间中激起的简正波数就较多，统计声学中的扩散声场实际上就是波动声学中大房间驻波声场的高频近似。

简正波理论是由国际著名声学家、中国著名物理学家和教育家、中国现代声学的重要开创者和奠基人，马大猷(1915—2012) 院士所提出的。1938 年，马大猷在美国留学期间发表了《矩形室内低频简正频率的分布》。这篇论文被推荐在 1938 年秋天的美国声学学会年会上宣读，被认为贡献了世界声学史上关于“波动声学的一个基本公式”。特别值得一提的是，马大猷在美国获得博士学位之后，毅然回到祖国。新中国成立后，马大猷曾负责人民大会堂万人大礼堂的音质设计工作，取得了良好的设计效果，他还组织了语言声学的研究工作，取得了汉语语音的基本参数，并在 20 世纪 60 年代初利用电子管电路自动识别汉语普通话的 10 个元音。为了开展声学研究工作，马大猷设计和建造了全国第一座声学实验室，包括混响室、隔声实验室、消声室、水声实验水池以及高声强实验室，可以作声学实验和校准。马大猷院士是中国科学界的典范，他把毕生的精力都献给了祖国、献给了教育事业、献给了环境保护事业、献给了声学事业，而且马大猷院士在工作中具有严谨求实的态度、朴实无华的作风、坚忍不拔的意志，是声学界的一代楷模。

3.1.2　壁面声阻抗

在扩散声场仿真算法中，我们曾提到壁面对于声波的吸收以吸声系数的形式来表达，当声线入射到壁面上时，声线所携带的能量就会按照吸声的大小发生相应的衰减。在波动声场仿真理论中，壁面对于声波的吸收作用也会存在，但是这种作用不再以吸声系数的形式表达，而是以声阻抗的形式来表达。对于一个非刚性的壁面，其法向声阻抗率一般为一复数。此时，入射声波就会被壁面所吸收，转化为

热，对于这种情况声波解仍可用简谐函数的形式，但是这时的 k_x,k_y,k_z 等量将表现为复数，现假设它们分别为 $k_x=\frac{\omega_x}{c_0}+\mathrm{j}\frac{\delta_x}{c_0}$，$k_y=\frac{\omega_y}{c_0}+\mathrm{j}\frac{\delta_y}{c_0}$，$k_z=\frac{\omega_z}{c_0}+\mathrm{j}\frac{\delta_z}{c_0}$，而 $\omega^2=\omega_x^2+\omega_y^2+\omega_z^2$，$\delta^2=\delta_x^2+\delta_y^2+\delta_z^2$，$k=\frac{\omega}{c_0}+\mathrm{j}\frac{\delta}{c_0}$。考虑到三角函数具有以下关系：$\sinh x=-\mathrm{j}\sin\mathrm{j}x$，$\cosh x=\cos\mathrm{j}x$，于是一个矩形声波导管中三维波动方程的解可写成如下形式：

$$p=\left[A_x\cosh(\delta_x-\mathrm{j}\omega_x)\frac{x}{c_0}+B_x\sinh(\delta_x-\mathrm{j}\omega_x)\frac{x}{c_0}\right]\times\left[A_y\cosh(\delta_y-\mathrm{j}\omega_y)\frac{y}{c_0}+B_y\sinh(\delta_y-\mathrm{j}\omega_y)\frac{y}{c_0}\right]\times\left[A_z\cosh(\delta_z-\mathrm{j}\omega_z)\frac{z}{c_0}+B_z\sinh(\delta_z-\mathrm{j}\omega_z)\frac{z}{c_0}\right]\mathrm{e}^{(\mathrm{j}\omega-\delta)t} \tag{3-15}$$

令常数 $A_i=\cosh\varphi_i$，$B_i=\sinh\varphi_i(i=x,y,z)$，那么式(3-15)可改为

$$p=A\cosh\left[(\delta_x-\mathrm{j}\omega_x)\frac{x}{c_0}+\varphi_x\right]\cosh\left[(\delta_y-\mathrm{j}\omega_y)\frac{y}{c_0}+\varphi_y\right]\times\cosh\left[(\delta_z-\mathrm{j}\omega_z)\frac{z}{c_0}+\varphi_z\right]\mathrm{e}^{(\mathrm{j}\omega-\delta)t} \tag{3-16}$$

为了简单起见，假设只考虑一个 x 轴向波的情形，则 $\omega=\omega_x$，$\omega_y=\omega_z=0$，并且认为只有 x 壁存在阻尼，则 $\delta_y=\delta_z=0$，$\varphi_y=\varphi_z=0$，因而式(3-16)可简化为

$$p=A\cosh\left[(\delta-\mathrm{j}\omega)\frac{x}{c_0}+\varphi_x\right]\mathrm{e}^{(\mathrm{j}\omega-\delta)t} \tag{3-17}$$

由此可得质点速度为

$$v=\frac{A}{\rho_0c_0}\sinh\left[(\delta-\mathrm{j}\omega)\frac{x}{c_0}+\varphi_x\right]\mathrm{e}^{(\mathrm{j}\omega-\delta)t} \tag{3-18}$$

声阻抗率为

$$Z_s=\rho_0c_0\coth\left[(\delta-\mathrm{j}\omega)\frac{x}{c_0}+\varphi_x\right] \tag{3-19}$$

设 x 轴方向两个壁面的法向声阻抗率相同，并已知为 $Z_{s(x=0)}=-Z_n$，$Z_{s(x=l)}=-Z_n$，而 $Z_n=R_n+\mathrm{j}X_n$，其中负号是因为在 $x=0$ 处，正的声压将产生负的质点速度，将 $x=0$ 的边界条件代入式(3-19)可得

$$-(R_n+\mathrm{j}X_n)=\rho_0c_0\coth\varphi_x \tag{3-20}$$

或者写成

$$-(x_n+\mathrm{j}y_n)=\coth\varphi_x \tag{3-21}$$

式中：$x_n=\frac{R_n}{\rho_0c_0}$、$y_n=\frac{X_n}{\rho_0c_0}$ 分别代表法向声阻率比与法向声抗率比。对于吸声很小的壁面，有 $x_n\gg y_n$ 与 $x_n\gg1$，所以从式(3-21)可近似得

$$\varphi_x \approx -\frac{1}{x_{\mathrm{n}}} \tag{3-22}$$

再将 $x=l_x$ 处的边界条件代入，可得

$$x_{\mathrm{n}} \approx \coth\left[(\delta-\mathrm{j}\omega)\frac{l_x}{c_0}-\frac{1}{x_{\mathrm{n}}}\right]=\frac{1-\mathrm{j}\tanh\left(\frac{\delta l_x}{c_0}-\frac{1}{x_{\mathrm{n}}}\right)\tan\frac{\omega l_x}{c_0}}{\tanh\left(\frac{\delta l_x}{c_0}-\frac{1}{x_{\mathrm{n}}}\right)-\mathrm{j}\tan\frac{\omega l_x}{c_0}} \tag{3-23}$$

等式的左边为实数，所以等式右边的虚部应等于零，即有

$$\tan\frac{\omega l_x}{c_0}=0 \tag{3-24}$$

可得

$$f_{\mathrm{n}}=\frac{nc_0}{2l_x},\quad n=0,1,2,\cdots \tag{3-25}$$

可见，此时轴向波的简正频率与刚性壁情形相同，考虑到式(3-24)的关系，可从式(3-23)得到

$$\frac{1}{x_{\mathrm{n}}} \approx \tanh\left(\frac{\delta l_x}{c_0}-\frac{1}{x_{\mathrm{n}}}\right) \tag{3-26}$$

在 $x_{\mathrm{n}} \gg 1$ 条件下，又可近似为

$$\delta \approx \frac{2c_0}{x_{\mathrm{n}} l_x} \tag{3-27}$$

此式就是轴向波的衰减系数表示式，它与壁面的法向声阻率成反比。

3.1.3　室内声源存在下的波动理论

假设室内存在声源，并且这声源是任意分布的，它在单位时间向单位体积的空间“提供”了 $\rho_0 q(x,y,z,t)$ 的媒质质量。于是，根据质量守恒定律，媒质的连续性方程应改为

$$\frac{\partial \rho'}{\partial t}+\rho_0 \nabla v=\rho_0 q \tag{3-28}$$

通过与 1.2.4 小节中类似的推导，可得有源的波动方程为

$$\nabla^2 p-\frac{1}{c_0^2}\frac{\partial^2 p}{\partial t^2}=-\rho_0\frac{\partial q}{\partial t} \tag{3-29}$$

式(3-29)是一个非齐次的偏微分方程，因为我们感兴趣的是研究室内稳态振动，所以就着重去寻找并分析此方程的特解。为了突出声源对室内声场的影响而不使问题复杂化，我们还是限于讨论房间内壁是刚性的情况。现将室内声压仍取无源情况的表示形式，即

$$p=\sum_{n_x n_y n_z} p_{n_x n_y n_z}=\sum_{n_x=0}\sum_{n_y=0}\sum_{n_z=0} A_{n_x n_y n_z}\psi_{n_x n_y n_z}\mathrm{e}^{\mathrm{j}\omega t} \tag{3-30}$$

式中：

$$\psi_{n_x n_y n_z}=\cos\frac{n_x\pi}{l_x}x\cos\frac{n_y\pi}{l_y}y\cos\frac{n_z\pi}{l_z}z \qquad (3-31)$$

由于声源是简谐的，因此声源函数可以写成

$$q(x,y,z,t)=q_0(x,y,z)\mathrm{e}^{\mathrm{j}\omega t} \qquad (3-32)$$

式中：$q_0(x,y,z)$ 为一位置的任意函数，我们将它展成傅里叶级数

$$q_0(x,y,z)=\sum_{n_x=0}\sum_{n_y=0}\sum_{n_z=0}B_{n_x n_y n_z}\psi_{n_x n_y n_z} \qquad (3-33)$$

其系数可表示为

$$B_{n_x n_y n_z}=\frac{\int_0^{l_x}\int_0^{l_y}\int_0^{l_z}q_0(x,y,z)\psi_{n_x n_y n_z}\mathrm{d}x\mathrm{d}y\mathrm{d}z}{\int_0^{l_x}\int_0^{l_y}\int_0^{l_z}\psi^2_{n_x n_y n_z}\mathrm{d}x\mathrm{d}y\mathrm{d}z}=$$

$$VD_{n_x n_y n_z}\int_0^{l_x}\int_0^{l_y}\int_0^{l_z}q_0(x,y,z)\psi_{n_x n_y n_z}\mathrm{d}x\mathrm{d}y\mathrm{d}z \qquad (3-34)$$

将式(3－31)～式(3－33)代入式(3－29)便可确定

$$A_{n_x n_y n_z}=\frac{-\rho_0 c_0^2\omega\mathrm{j}B_{n_x n_y n_z}}{\omega^2-\omega^2_{n_x n_y n_z}} \qquad (3-35)$$

式中：

$$\omega^2_{n_x n_y n_z}=\omega^2_{n_x}+\omega^2_{n_y}+\omega^2_{n_z}=\left(\frac{n_x\pi c_0}{l_x}\right)^2+\left(\frac{n_y\pi c_0}{l_y}\right)^2+\left(\frac{n_z\pi c_0}{l_z}\right)^2 \qquad (3-36)$$

将式(3－35)代入式(3－30)，求得室内声压为

$$p=\frac{-\rho_0 c_0^2\omega}{V}\mathrm{j}\sum_{n_x=0}\sum_{n_y=0}\sum_{n_z=0}D_{n_x}D_{n_y}D_{n_z}\psi_{n_x n_y n_z}\cdot$$

$$\frac{\int_0^{l_x}\int_0^{l_y}\int_0^{l_z}q_0(x,y,z)\psi_{n_x n_y n_z}\mathrm{d}x\mathrm{d}y\mathrm{d}z}{(\omega^2-\omega^2_{n_x n_y n_z})}\mathrm{e}^{\mathrm{j}\omega t} \qquad (3-37)$$

式(3－37)表示室内声场是由无数个驻波方式所组成的，每一驻波方式的振幅与声源的分布以及声源的频率有关。当声源的圆频率等于室内的固有圆频率 $\omega_{n_x n_y n_z}$ 时，与此对应的(n_x,n_y,n_z)次驻波其振幅趋于无限。当然由于空间中总存在阻尼（如壁面与媒质的吸收），驻波的振幅不会无限大，而只是达到有限的极大值，因而这里出现的无限大就是表示房间出现共振现象。可以设想，如果声源发出的不是单频而是一个频带的声波，而这一频带包含了房间的许多固有频率，那么这一频带的声源将激起室内许多的驻波共振。显然房间中被激起的驻波方式越多，室内就越接近扩散声场。现在再来看看声源分布对声场的影响。例如，设有一点声源放在房间的顶角上，其声源函数可表示成

$$q_0(x,y,z)=\begin{cases}q_0, & x=y=z=0\\ 0, & \text{其他位置}\end{cases} \qquad (3-38)$$

式中：q_0 为一常数。

将式(3－38) 代入式(3－37),可得

$$p=\rho_0 c_0^2 \frac{\omega Q_0}{V}\mathrm{j}\sum_{n_x=0}\sum_{n_y=0}\sum_{n_z=0}D_{n_x}D_{n_y}D_{n_z}\frac{\Psi_{n_x n_y n_z}}{(\omega^2-\omega_{n_x n_y n_z}^2)}\mathrm{e}^{\mathrm{j}\omega t} \tag{3－39}$$

式中:$Q_0=q_0\mathrm{d}V$ 是点源强度。

此结果表示,如果将声源放在房间的顶角上,那么所有驻波的振幅都不等于零。又如果将声源放在房间中心,那么声源分布函数可表示成

$$q_0(x,y,z)=\begin{cases}q_0, & x=\dfrac{l_x}{2},y=\dfrac{l_y}{2},z=\dfrac{l_z}{2}\\ 0, & \text{其他位置}\end{cases} \tag{3－40}$$

将式(3－40) 代入式(3－39) 可得

$$p=\begin{cases}-\rho_0 c_0^2 \dfrac{\omega Q_0}{V}\mathrm{j}\sum\limits_{n_x}\sum\limits_{n_y}\sum\limits_{n_z}\dfrac{D_{n_x}D_{n_y}D_{n_z}\psi_{n_x n_y n_z}}{(\omega^2-\omega_{n_x n_y n_z}^2)}\mathrm{e}^{\mathrm{j}\omega t}, & n_x,n_y,n_z\ \text{为偶数}\\ 0, & n_x,n_y,n_z\ \text{中一个为奇数}\end{cases} \tag{3－41}$$

式(3－41) 表示,对应于 n_x,n_y,n_z 为奇数的一些驻波振幅等于零,这就是说声源在中心时能激起的驻波方式仅为放在顶角上的 1/8。这两例可以告诉我们,按波动声学观点,声源放在顶角上将比其他地方能激起更多的驻波方式,驻波方式越多室内声场越趋均匀,因此把声源放在顶角上也有利于产生扩散声场。

以上介绍了波动声学中的一些基础理论,当房间具有简单的形状,例如为矩形的空间形状时,利用简正波理论就可以实现声场的求解。但是在实际情况中,各类房间的形状是较为复杂的,简正波方法不再适用,此时就需要利用数值仿真的手段完成相关声场计算。以下将介绍典型的波动声场数值仿真算法。

3.2 波动声场数值仿真算法流程

在实际工程问题中,边界条件通常较为复杂,为了能够得到此类问题的解,常采用数值仿真方法,其主要思路是将连续的求解域离散为一组单元的组合体,用在每个单元内假设的近似函数来分片地表示求解域上待求的未知场函数,近似函数通常由未知场函数及其导数在单元各节点的数值插值函数来表达,从而使一个连续的无限自由度问题变成离散的有限自由度问题,其中代表性的方法是出现较早且已获得大规模应用的有限元法、边界元法等,近年来获得持续性关注的无网格法也逐渐成为一种常用方法。除了这些频域的数值方法之外,在时域也有有限差分法等,同样可以对微分方程进行数值求解。

下面给出一个典型的波动声场数值仿真方法的流程。

1. 微分方程离散

在各类工程问题中，控制方程一般为微分方程的形式，例如声学中的波动方程，当对边界复杂的问题进行求解时，可采用数值方法对整体的问题域进行离散，从而使无法直接求解的问题变为离散的、简单空间集合内的问题。此时，对微分方程进行离散，使其适应离散的空间形式是一项基本工作，即将整体域的微分方程转变为离散域上的积分方程。当使用的数值方法不同时，微分方程的离散形式也会有所不同，这将在以下介绍不同方法时进行相应介绍。

2. 对空间进行离散

在对微分方程进行离散之后，就获得了相应数值仿真方法的理论基础。此后就要在物理形式上对问题的空间域进行离散，即将一个整体的空间划分为离散的小空间的组合，这些小空间常被称为单元、网格或者元素等。单元的形状原则上是任意的，但实际经验表明，单元的划分形式对问题的求解精度也有较大影响，目前二维问题一般采用三角形单元或矩形单元，三维空间可采用四面体或多面体等，每个单元的顶点称为节点。

3. 形函数构造

形函数(Shape Function)是定义于单元内部坐标的一种插值函数，在数值仿真方法中具有重要的作用，用于把问题域内任一点的场值用节点场值表示，从而把连续的问题域的求解转换为对预设节点场值的求解。另外，形函数可作为加权残量法中的加权函数用于微分方程的离散，还可以处理载荷，将集中载荷等效为节点上的分布载荷。

4. 进行单元内部及整体问题域的求解

在离散后的单元内部，结合全局坐标及局部坐标计算形函数，并将形函数代入积分方程获得单元内的积分方程，此后，在全局所有单元上进行积分运算，获得整体问题域内的积分方程，最终对方程进行求解，获得问题的解。

3.3 微分方程离散方法

科学与工程中产生的大量问题均可归结为偏微分方程(Partial Differential Equation，PDE)的初值或边值问题，在室内声学领域，可以具体为声场的求解。对于边界条件复杂的室内声场求解问题，通常无法直接利用简正波理论进行求解，此时需要利用离散数值分析理论对其进行近似值的求解。此理论中，首先对整个问题区域进行分解，每个子区域都成为简单的部分，这种简单部分在经典数值分析理论中常被称为“网格”或者“单元”，继而对每一子区域假定一个合适的近似解，然后推导求解这个域总的满足条件从而得到问题的解。这种以划分子区域为基础的方法常被称为“有限元法”“边界元法”等。

通常来说，利用数值仿真方法进行声场求解时，不可以直接在声学波动方程的基础上进行。因为声学波动方程是一种微分方程，而在离散数值求解方法中，需要对全空间的子区域进行积分（离散求和）的处理。因此，进行数值仿真的第一个关键步骤是针对声学波动求解问题，给出适合于离散数值仿真计算的系统方程，即对微分方程进行离散处理，将其转换为积分方程。

设在某一问题中，问题域为 Ω，Γ 为其边界，描述此问题的微分方程组为

$$\left.\begin{aligned} L[\boldsymbol{u}(\boldsymbol{x})] &= f\text{，在 }\Omega\text{ 内} \\ B[\boldsymbol{u}(\boldsymbol{x})] &= g\text{，在 }\Gamma\text{ 上} \end{aligned}\right\} \tag{3-42}$$

式中：$\boldsymbol{x}=[x \quad y \quad z]^{\mathrm{T}}$ 表示空间点，$\boldsymbol{u}(\boldsymbol{x})$ 可简写为 $\boldsymbol{u}$，L 和 B 为变量的微分算子。

由于式(3-42) 在问题域 Ω、边界域 Γ 内任意点都成立，因此对任意函数 $\boldsymbol{h}$ 和 $\bar{\boldsymbol{h}}$ 都有

$$\int_{\Omega} \boldsymbol{h}^{\mathrm{T}}[L(\boldsymbol{u})-f]\mathrm{d}v+\int_{\Gamma} \bar{\boldsymbol{h}}^{\mathrm{T}}[B(\boldsymbol{u})-g]\mathrm{d}s=0 \tag{3-43}$$

式(3-43) 同时也说明，如果对任意函数 $\boldsymbol{h}$ 和 $\bar{\boldsymbol{h}}$，此式都能满足，那么式(3-42) 即在问题域 Ω、边界域 Γ 内任意点都成立。因此函数 $\boldsymbol{h}$ 和 $\bar{\boldsymbol{h}}$ 称为检验函数，式(3-43) 称为微分方程组式(3-42) 的等效积分形式。

对于大部分实际工程问题，式(3-42) 无法得到精确解，只能近似求解。设 $\boldsymbol{u}^h(\boldsymbol{x})$ 为式(3-42) 的一个近似解，称为试函数，它可以表示为一组已知函数 $\boldsymbol{N}_i(\boldsymbol{x})$ 的线性组合：

$$\boldsymbol{u}(\boldsymbol{x}) \approx \boldsymbol{u}^h(\boldsymbol{x})=\sum_{i=1}^{n} \boldsymbol{N}_i(\boldsymbol{x})\boldsymbol{d}_i=\boldsymbol{N}(\boldsymbol{x})\boldsymbol{d} \tag{3-44}$$

式中：$\boldsymbol{d}=[\boldsymbol{d}_1 \quad \boldsymbol{d}_2 \quad \cdots \quad \boldsymbol{d}_n]^{\mathrm{T}}$，为待定参数；$\boldsymbol{N}(\boldsymbol{x})=[\boldsymbol{N}_1(\boldsymbol{x}) \quad \boldsymbol{N}_2(\boldsymbol{x}) \quad \cdots \quad \boldsymbol{N}_n(\boldsymbol{x})]$，为形函数。$\boldsymbol{u}^h(\boldsymbol{x})$ 通常情况下不能精确满足微分方程组式(3-42)，它们将产生残量 $\boldsymbol{R}$ 及 $\bar{\boldsymbol{R}}$，表示为

$$\left.\begin{aligned} \boldsymbol{R} &= \boldsymbol{L}[\boldsymbol{u}^h(\boldsymbol{x})]-\boldsymbol{f} \\ \bar{\boldsymbol{R}} &= \boldsymbol{B}[\boldsymbol{u}^h(\boldsymbol{x})]-\boldsymbol{g} \end{aligned}\right\} \tag{3-45}$$

为得到未知函数 $\boldsymbol{u}(\boldsymbol{x})$ 的最佳近似解，应使式(3-45) 所示的残量为零。由式(3-43) 可知，如果对任意检验函数 $\boldsymbol{h}$，有

$$\int_{\Omega} \boldsymbol{h}^{\mathrm{T}}\boldsymbol{R}\mathrm{d}v+\int_{\Gamma} \bar{\boldsymbol{h}}^{\mathrm{T}}\bar{\boldsymbol{R}}\mathrm{d}s=\boldsymbol{0} \tag{3-46}$$

都成立，则残量必定为零。但是，在实际中不可能也不需要在式(3-46) 中取无穷多个检验函数，而是一般将检验函数取为一组基函数的线性组合，即

$$\left.\begin{aligned} \boldsymbol{h} &= \sum_{j=1}^{r} b_j \boldsymbol{W}_j \\ \bar{\boldsymbol{h}} &= \sum_{j=1}^{r} b_j \bar{\boldsymbol{W}}_j \end{aligned}\right\} \tag{3-47}$$

式中：$r \geqslant n$。

将式(3-47)代入式(3-46)中，并考虑到系数 b_j 的任意性，得

$$\int_{\Omega} \boldsymbol{W}_j^{\mathrm{T}} \boldsymbol{R} \mathrm{d}v + \int_{\Gamma} \overline{\boldsymbol{W}}_j^{\mathrm{T}} \overline{\boldsymbol{R}} \mathrm{d}s = 0, \quad j = 1, 2, \cdots, r \tag{3-48}$$

式(3-48)给出了 r 个求解方程，用于求近似解的 n 个待定系数 $\boldsymbol{d}_i$。当 $r > n$ 时，式(3-48)是超定的，需要用最小二乘法求解。

上述过程即为采用加权残量法解决问题的一般思路，下面介绍常用的加权残量法。

3.3.1 伽辽金法

伽辽金(Galerkin)法由俄国工程师伽辽金提出，在这种特殊类型的加权残量法中，检验函数中基函数的个数与试函数中试探项的项数相同，即 $r=n$，且检验函数与试函数取自同一函数空间，例如可将式(3-48)中的检验函数取为式(3-44)中的形函数 $\boldsymbol{N}_i$，即

$$\left.\begin{aligned} \boldsymbol{W}_j &= \boldsymbol{N}_j \\ \overline{\boldsymbol{W}}_j &= -\boldsymbol{N}_j \end{aligned}\right\}, \quad j = 1, 2, \cdots, n \tag{3-49}$$

这样，式(3-48)可写为

$$\int_{\Omega} \boldsymbol{N}_j^{\mathrm{T}} \left\{ L\left[\sum_{i=1}^{n} \boldsymbol{N}_i(\boldsymbol{x}) \boldsymbol{d}_i \right] - \boldsymbol{f} \right\} \mathrm{d}v - \int_{\Gamma} \boldsymbol{N}_j^{\mathrm{T}} \left\{ \boldsymbol{B}\left[\sum_{i=1}^{n} \boldsymbol{N}_i(\boldsymbol{x}) \boldsymbol{d}_i \right] - \boldsymbol{g} \right\} \mathrm{d}s = 0, \quad j = 1, 2, \cdots, n \tag{3-50}$$

式(3-50)即为采用伽辽金式加权残量法得到的离散方程。

采用伽辽金法得到的离散系统代数方程的各种矩阵通常是对称的，在很多场合下，用伽辽金法可得到与采用能量法相同的公式形式，具有特定的物理意义，由于积分操作可抹去其积分域上的误差，改善解的精度，其作用类似于某种使解稳定的规则化处理，因此伽辽金法具有良好的稳定性和精确性。另外，伽辽金法中的分部积分运算降低了微分运算的阶数，从而降低了对形函数的连续性要求，利用分部积分所形成的边界积分项可自然地施加导数边界条件。由于伽辽金法的优良特性，它成为了一种在无网格理论研究中最常用的加权残量法，并且围绕着它产生了多种无网格法及变种方法。

3.3.2 局部彼得罗夫-伽辽金法

在局部彼得罗夫-伽辽金(Petrov-Galerkin)法中，要求式(3-45)所示的残量在各个节点的子域及其边界上消除。这些子域是以节点为中心的区域，且应全部包含在问题域内。与伽辽金法不同的是，局部彼得罗夫-伽辽金法的检验函数和试探函数取自不同的函数空间，因此得到的求解方程的系数矩阵一般是不对称的，这

会导致计算效率下降，而且由于运算都建立在子域上，因此在各个子域上都要进行不同的积分运算，这使得计算量大大增加，因此局部彼得罗夫-伽辽金法应用较为有限。

3.3.3　配点法

在配点法中，不通过以平均的方式满足微分方程，而仅使微分方程在问题域上的一组特定点上得到满足。在式(3-48)中，取克罗内克 δ 函数作为检验函数，即

$$\left.\begin{aligned}\boldsymbol{W}_j&=\begin{cases}\boldsymbol{\delta}(\boldsymbol{x}-\boldsymbol{x}_j), & \boldsymbol{x}_j\in\Omega\\ \boldsymbol{0}, & \boldsymbol{x}_j\in\Gamma\end{cases}\\ \overline{\boldsymbol{W}}_j&=\begin{cases}\boldsymbol{0}, & \boldsymbol{x}_j\in\Omega\\ \boldsymbol{\delta}(\boldsymbol{x}-\boldsymbol{x}_j), & \boldsymbol{x}_j\in\Gamma\end{cases}\end{aligned}\right\}\tag{3-51}$$

将式(3-51)代入式(3-45)中，得

$$\left.\begin{aligned}\boldsymbol{R}_j&=\boldsymbol{L}[\boldsymbol{u}^h(\boldsymbol{x}_j)]-\boldsymbol{f}=\boldsymbol{0}, \quad j=1,2,\cdots,r_1\\ \overline{\boldsymbol{R}}_j&=\boldsymbol{B}[\boldsymbol{u}^h(\boldsymbol{x}_j)]-\boldsymbol{g}=\boldsymbol{0}, \quad j=1,2,\cdots,r_2\end{aligned}\right\}\tag{3-52}$$

式中：r_1 和 r_2 分别为计算微分方程残量和边界条件残量的配点个数，且 $r=r_1+r_2$。配点法的实质是强迫残量在 r 个点上等于零。当配点数 r 大于试探函数中的项数 n 时，将导致式(3-52)超定，可采用最小二乘法求解；当两者相等时，可以直接求出近似函数中的待定系数，此时，残量 $\boldsymbol{R}$ 和 $\overline{\boldsymbol{R}}$ 在 r 个配点处为零，但在这些点之间有可能会产生较大的振荡。

利用配点法所形成的无网格法只需在节点处计算形函数及其导数，不需要积分，但是施加导数边界条件困难，需要特殊处理，在某些情况下，所得到的矩阵形式的方程是病态的，解不稳定，且精度较差，因此需要采用特殊的稳定方案。这也限制了其广泛的应用。

3.3.4　加权最小二乘法

在最小二乘法中，令残量 $\boldsymbol{R}$ 和 $\overline{\boldsymbol{R}}$ 二次方的加权积分

$$\boldsymbol{J}_R=\alpha\int_\Omega \boldsymbol{R}^{\mathrm{T}}\boldsymbol{R}\mathrm{d}v+\beta\int_\Gamma \overline{\boldsymbol{R}}^{\mathrm{T}}\overline{\boldsymbol{R}}\mathrm{d}s\tag{3-53}$$

取最小值，即

$$\frac{\partial \boldsymbol{J}_R}{\partial \boldsymbol{u}_j}=\boldsymbol{0}, \quad j=1,2,\cdots,n\tag{3-54}$$

将式(3-54)代入式(3-53)中，可得

$$\alpha\int_\Omega\left(\frac{\partial \boldsymbol{R}}{\partial \boldsymbol{u}_j}\right)^{\mathrm{T}}\boldsymbol{R}\mathrm{d}v+\beta\int_\Gamma\left(\frac{\partial \overline{\boldsymbol{R}}}{\partial \boldsymbol{u}_j}\right)^{\mathrm{T}}\overline{\boldsymbol{R}}\mathrm{d}s=\boldsymbol{0}, \quad j=1,2,\cdots,n\tag{3-55}$$

式中：α 和 β 为权系数。

由式(3－55) 可见，在最小二乘法中，检验函数为

$$\left.\begin{aligned}\boldsymbol{W}_j &= \alpha\,\frac{\partial \boldsymbol{R}}{\partial \boldsymbol{u}_j}\\ \overline{\boldsymbol{W}}_j &= \beta\,\frac{\partial \overline{\boldsymbol{R}}}{\partial \boldsymbol{u}_j}\end{aligned}\right\} \tag{3-56}$$

式(3－55) 是连续型最小二乘法，需要在问题域中积分，由此建立无网格法时需要布置背景网格，而离散型最小二乘法则只需在一些点上计算残量，即

$$\boldsymbol{J}_R = \sum_{k=1}^{r_1} \alpha_k \boldsymbol{R}^{\mathrm{T}}(\boldsymbol{x}_k)\boldsymbol{R}(\boldsymbol{x}_k) + \sum_{k=1}^{r_2} \beta_k \overline{\boldsymbol{R}}^{\mathrm{T}}(\boldsymbol{x}_k)\overline{\boldsymbol{R}}(\boldsymbol{x}_k) \tag{3-57}$$

式中：α_k 和β_k 为权系数；$\boldsymbol{x}_k$ 为配点坐标；r_1 和 r_2 分别为计算微分方程残量及边界条件残量的配点数。令式(3－57) 取最小值，得

$$\sum_{k=1}^{r_1} \alpha_k \left[\frac{\partial \boldsymbol{R}(\boldsymbol{x}_k)}{\partial \boldsymbol{u}_j}\right]^{\mathrm{T}} \boldsymbol{R}(\boldsymbol{x}_k) + \sum_{k=1}^{r_2} \beta_k \left[\frac{\partial \overline{\boldsymbol{R}}(\boldsymbol{x}_k)}{\partial \boldsymbol{u}_j}\right]^{\mathrm{T}} \overline{\boldsymbol{R}}(\boldsymbol{x}_k) = \boldsymbol{0} \tag{3-58}$$

采用加权最小二乘法所建立的无网格法施加边界条件困难，而且通常要求试函数具有高阶的连续性，因此，这种方法应用较少。

3.4　有限元室内声场仿真算法

有限元法是一类经典的数值仿真方法，已经在非常多的自然科学领域获得了有效应用。经典的有限元方法计算流程如下：

(1) 建立积分方程。根据变分原理或方程余量与权函数正交化原理，建立与微分方程初边值问题等价的积分表达式，这是有限元法的出发点。

(2) 区域单元剖分。根据求解区域的形状及实际问题的物理特点，将区域剖分为若干相互连接、不重叠的单元。区域单元划分是采用有限元方法的前期准备工作，这部分工作量比较大，除了给计算单元和节点进行编号和确定相互之间的关系之外，还要表示节点的位置坐标，同时还需要列出自然边界和本质边界的节点序号和相应的边界值。

(3) 确定单元基函数。根据单元中节点数目及对近似解精度的要求，选择满足一定插值条件的插值函数作为单元基函数。有限元方法中的基函数是在单元中选取的，由于各单元具有规则的几何形状，在选取基函数时可遵循一定的法则。

(4) 单元分析。将各个单元中的求解函数用单元基函数的线性组合表达式进行逼近，再将近似函数代入积分方程，并对单元区域进行积分，可获得含有待定系数(即单元中各节点的参数值) 的代数方程组，称为单元有限元方程。

(5) 总体合成。在得出单元有限元方程之后，将区域中所有单元有限元方程按一定法则进行累加，形成总体有限元方程。

(6) 边界条件的处理。一般边界条件有三种形式，分别为本质边界条件(狄里克雷边界条件)、自然边界条件(黎曼边界条件)、混合边界条件(柯西边界条件)。对于自然边界条件，一般在积分表达式中可自动得到满足。对于本质边界条件和混合边界条件，需按一定法则对总体有限元方程进行修正满足。

(7) 解有限元方程。根据边界条件修正的总体有限元方程组，是含所有待定未知量的封闭方程组，采用适当的数值计算方法求解，可求得各节点的函数值。

3.4.1　声学波动方程的离散

以前述微分方程离散方法为基础，对室内声场进行波动方程离散。

假定现在需要对图 3-1 所示的封闭空间内的声场进行仿真计算。根据前述离散数值分析方法的原理，首先对此空间进行离散处理，即用规则的网格对原始的空间进行划分，实际问题中，这些网格的尺寸可以是不一样的。划分网格之后，可以看到，每个网格都有顶点，此处称之为节点，节点是离散数值分析方法中的重要形式，利用节点可以将空间中任意一点的声压用节点来表示，当求得所有节点的声压之后，就可以继而求得任一点的声压。这样，也就将一个声场的求解问题转换为了预设节点的声压求解问题。

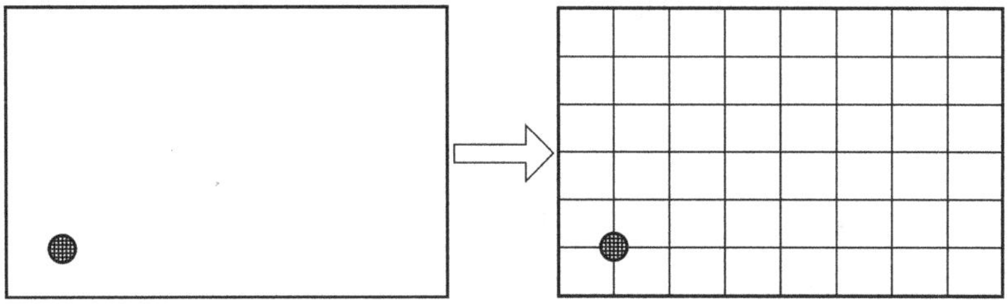

图 3-1　声场仿真计算

当封闭空间内位置 r 处存在一个声源，它在单位时间内向单位体积内的空间提供了 $\rho_0 q(r,t)$ 的媒质质量。根据质量守恒定律，媒质中声波的连续方程可写为

$$\frac{\partial \rho'}{\partial t} + \mathrm{div}(\rho_0 \boldsymbol{v}) = \rho_0 q \tag{3-59}$$

式中：ρ' 为媒质密度增量；ρ_0 表示媒质静态密度；q 为 $q(r,t)$ 的简写；$\boldsymbol{v}$ 为媒质质点速度；t 表示时间；div 为散度算子，在三维空间笛卡儿坐标系中，$\mathrm{div} = \partial/\partial x + \partial/\partial y + \partial/\partial z$。

除了连续性方程之外，用来描述媒质声波的基本方程还有两个，它们不受声源的影响，分别为运动方程

$$\rho_0 \frac{\partial \boldsymbol{v}}{\partial t} = -\mathrm{grad}\ p \tag{3-60}$$

和物态方程

$$p = c_0^2 \rho' \tag{3-61}$$

式(3-60)、式(3-61)中：p代表声压；c_0代表声速；grad为梯度算子，在三维空间笛卡儿坐标系中，$\mathrm{grad} = \boldsymbol{i}\partial/\partial x + \boldsymbol{j}\partial/\partial y + \boldsymbol{k}\partial/\partial z$。

利用与推导无源波动方程相类似的方法，由媒质中声波的三个基本方程可以得到有源情况下封闭空间中有关声压 p 的波动方程：

$$\nabla^2 p - \frac{1}{c_0^2}\frac{\partial^2 p}{\partial t^2} = -\rho_0 \frac{\partial q}{\partial t} \tag{3-62}$$

式中：∇^2为拉普拉斯算子，在三维空间笛卡儿坐标系中，$\nabla^2 = \frac{\partial^2}{\partial x^2} + \frac{\partial^2}{\partial y^2} + \frac{\partial^2}{\partial z^2}$。

当声源作简谐振动时，声源强度 $q(r,t)$ 可以表示为

$$q(r,t) = q_\omega(r)\mathrm{e}^{\mathrm{j}\omega t} \tag{3-63}$$

式中：ω 为谐振频率；$q_\omega(r)$ 为在位置 r 处频域内的声源强度。

由于通常将封闭空间声场作为线性系统考虑，因此空间内部各点的声压的频率与声源相同，声压可以表示为

$$p(r,t) = p_\omega(r)\mathrm{e}^{\mathrm{j}\omega t} \tag{3-64}$$

式中：$p_\omega(r)$ 为在位置 r 处频域内的声压。

将式(3-63)及式(3-64)代入式(3-62)中，可得到简谐声源激励下的声波波动方程为

$$\nabla^2 p_\omega(r)\mathrm{e}^{\mathrm{j}\omega t} + \left(\frac{\omega}{c_0}\right)^2 p_\omega(r)\mathrm{e}^{\mathrm{j}\omega t} + \mathrm{j}\rho_0 \omega q_\omega(r)\mathrm{e}^{\mathrm{j}\omega t} = 0 \tag{3-65}$$

令式中 $k = \omega/c_0$，称其为波数，并且消去 $\mathrm{e}^{\mathrm{j}\omega t}$，即可得到只依赖于空间坐标的那部分方程，即室内有源亥姆霍兹方程：

$$\nabla^2 p_\omega(r) + k^2 p_\omega(r) + \mathrm{j}\rho_0 \omega q_\omega(r) = 0 \tag{3-66}$$

这样就将声压的时域问题转换为频域问题。

在封闭空间中有两种最常见的边界，即刚性壁面和吸收壁面。如图3-2所示，设一封闭空间 D，体积为 V，内壁总面积为 S，其中，B_1 为刚性壁表面、B_2 为吸收壁表面，则在边界上与有源亥姆霍兹方程对应的边界条件分别如下：

B_1 边界上：

$$\frac{\partial p}{\partial n} = 0 \tag{3-67}$$

B_2 边界上：

$$\frac{\partial p}{\partial n} = -\frac{\mathrm{j}kp}{\zeta} \tag{3-68}$$

式中：n 为封闭空间壁面外法线方向；ζ 称为比声阻抗，满足下式：

$$\zeta = \frac{Z}{\rho_0 c_0} \tag{3-69}$$

式中：Z 为界面声阻抗。

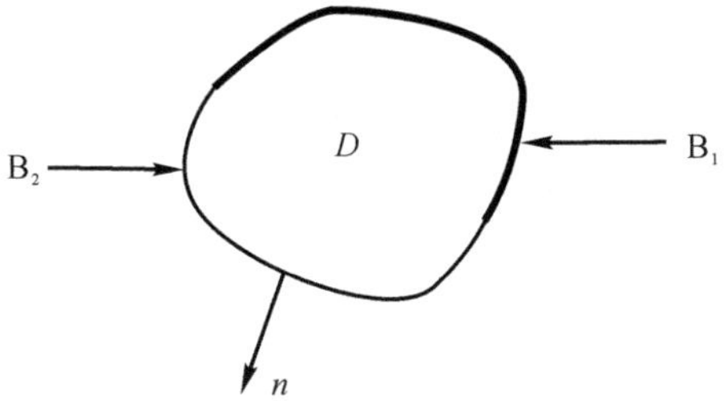

图3-2 封闭空间边界条件示意图

根据伽辽金型加权残量法的系统方程推导方法，设试函数为 $\bar{p}$，代入有源亥姆霍兹方程及其边界条件，将产生残量 R 和 $\bar{R}$：

$$R=\nabla^2\bar{p}+k^2\bar{p}+\mathrm{j}\rho_0\omega q_\omega \tag{3-70}$$

$$\bar{R}=\frac{\partial\bar{p}}{\partial n}+\frac{\mathrm{j}k}{\zeta}\bar{p} \tag{3-71}$$

根据伽辽金法确定权函数，有

$$\int_\Omega\bar{p}\cdot(\nabla^2\bar{p}+k^2\bar{p}+\mathrm{j}\rho_0\omega q_\omega)\mathrm{d}v-\int_\Gamma\bar{p}\cdot\left(\frac{\partial\bar{p}}{\partial n}+\frac{\mathrm{j}k}{\zeta}\bar{p}\right)\mathrm{d}s=0 \tag{3-72}$$

由格林第一公式

$$\int_\Omega(\varphi\nabla^2\Phi+\nabla\varphi\cdot\nabla\Phi)\mathrm{d}v=\int_\Gamma\varphi\frac{\partial\Phi}{\partial n}\mathrm{d}s \tag{3-73}$$

式(3-72)可以简化为

$$\int_\Omega(\nabla\bar{p}\cdot\nabla\bar{p}-k^2\bar{p}\cdot\bar{p}-\mathrm{j}\rho_0\omega\bar{p}q_\omega)\mathrm{d}v+\int_\Gamma\frac{\mathrm{j}k}{\zeta}\bar{p}\cdot\bar{p}\mathrm{d}s=0 \tag{3-74}$$

为了求得声场中任意一点的声压，根据前文中离散后的空间状态，用各节点声压来表示声场中某一特定点的声压，即

$$p=\boldsymbol{N}\boldsymbol{p}=[N_1\quad N_2\quad\cdots\quad N_n]\begin{bmatrix}p_1\\p_2\\\vdots\\p_n\end{bmatrix} \tag{3-75}$$

式中：N_i 为节点 i 处的形函数；p_i 为节点 i 处的声压。

此处的形函数表示了空间之中所有节点与特点位置的一种相关关系，可以理解为预设节点场值对任意一点的贡献量。形函数构建是波动声场仿真方法中的重要环节，其质量好坏对最终计算结果的精度有很大的影响，后面还会对形函数的构建方法进行更详细的介绍。

将式(3-75)代入式(3-74)，可得

$$\int_{\Omega}[p^{\mathrm{T}}(\nabla \boldsymbol{N})^{\mathrm{T}}(\nabla \boldsymbol{N})\boldsymbol{p}-k^{2}\boldsymbol{p}^{\mathrm{T}}\boldsymbol{N}^{\mathrm{T}}\boldsymbol{N}\boldsymbol{p}-\mathrm{j}\rho_{0}\omega\boldsymbol{p}^{\mathrm{T}}\boldsymbol{N}^{\mathrm{T}}q_{\omega}]\mathrm{d}v+\int_{\Gamma}\frac{\mathrm{j}k}{\zeta}(\boldsymbol{p}^{\mathrm{T}}\boldsymbol{N}^{\mathrm{T}}\boldsymbol{N}\boldsymbol{p})\mathrm{d}s=0 \tag{3-76}$$

式中：$\nabla\boldsymbol{N}$ 为形函数的导数矩阵，其表达式为

$$\nabla \boldsymbol{N}=\begin{bmatrix}\frac{\partial N_1}{\partial x} & \frac{\partial N_1}{\partial y} & \frac{\partial N_1}{\partial z}\\ \frac{\partial N_2}{\partial x} & \frac{\partial N_2}{\partial y} & \frac{\partial N_2}{\partial z}\\ \vdots & \vdots & \vdots\\ \frac{\partial N_n}{\partial x} & \frac{\partial N_n}{\partial y} & \frac{\partial N_n}{\partial z}\end{bmatrix}=[N_1 \quad N_2 \quad \cdots \quad N_n]\left[\frac{\partial}{\partial x} \quad \frac{\partial}{\partial y} \quad \frac{\partial}{\partial z}\right] \tag{3-77}$$

整理式(3-76)，可得到

$$\int_{\Omega}[(\nabla \boldsymbol{N})^{\mathrm{T}}(\nabla \boldsymbol{N})]\mathrm{d}v\cdot\boldsymbol{p}-\int_{\Omega}(k^{2}\boldsymbol{N}^{\mathrm{T}}\boldsymbol{N})\mathrm{d}v\cdot\boldsymbol{p}-\int_{\Omega}(\mathrm{j}\rho_{0}\omega\boldsymbol{N}^{\mathrm{T}}q_{\omega})\mathrm{d}v+\int_{\Gamma}\frac{\mathrm{j}k}{\zeta}(\boldsymbol{N}^{\mathrm{T}}\boldsymbol{N})\mathrm{d}s\cdot\boldsymbol{p}=\boldsymbol{0} \tag{3-78}$$

令

$$\int_{\Omega}(\nabla \boldsymbol{N})^{\mathrm{T}}(\nabla \boldsymbol{N})\mathrm{d}v=\boldsymbol{K} \tag{3-79}$$

$$\frac{1}{c_0^2}\int_{\Omega}\boldsymbol{N}^{\mathrm{T}}\boldsymbol{N}\mathrm{d}v=\boldsymbol{M} \tag{3-80}$$

$$\frac{1}{c_0\zeta}\int_{\Gamma}\boldsymbol{N}^{\mathrm{T}}\boldsymbol{N}\mathrm{d}s=\boldsymbol{C} \tag{3-81}$$

$$\int_{\Omega}\mathrm{j}\rho_{0}\omega\boldsymbol{N}^{\mathrm{T}}q_{\omega}\mathrm{d}v=\boldsymbol{F} \tag{3-82}$$

式(3-79)～式(3-82)中：$\boldsymbol{K}$ 称为刚度矩阵，$\boldsymbol{M}$ 称为质量矩阵，$\boldsymbol{C}$ 称为阻尼矩阵，$\boldsymbol{F}$ 称为载荷矩阵。当声源为位于某一特定位置 $r_0(x_0,y_0,z_0)$ 处的简谐点声源时，频域内的声源强度可以表示为

$$q_{\omega}(r)=q_{\omega}(r_0)\delta(r-r_0) \tag{3-83}$$

式中：

$$\delta(r-r_0)=\begin{cases}0, & r\neq r_0\\ 1, & r=r_0\end{cases} \tag{3-84}$$

将式(3-84)代入式(3-82)，可得

$$\boldsymbol{F}=\int_{\Omega}-\mathrm{j}\rho_{0}\omega q_{\omega}(r_0)\delta(r-r_0)\boldsymbol{N}^{\mathrm{T}}\mathrm{d}v=-\mathrm{j}\rho_{0}\omega q_{\omega}(r_0)\mathrm{d}v\boldsymbol{N}_{r_0}^{\mathrm{T}} \tag{3-85}$$

令 $\boldsymbol{Q}_0=q_{\omega}(r_0)\mathrm{d}v$，$\boldsymbol{Q}_0$ 为此点声源的体积速度，则可得

$$\boldsymbol{F}=-\mathrm{j}\rho_{0}\omega\boldsymbol{Q}_{0}\boldsymbol{N}_{r_0}^{\mathrm{T}} \tag{3-86}$$

最后，将式(3－79) ～ 式(3－82) 代入式(3－78)，可得到

$$(\boldsymbol{K}+\mathrm{j}\omega\boldsymbol{C}-\omega^2\boldsymbol{M})\boldsymbol{p}=\boldsymbol{F} \tag{3-87}$$

式(3－87) 即为离散波动方程后所获得的系统方程，经过此离散过程，原始的微分形式的波动方程已转变为积分形式的系统方程，式中的 $\boldsymbol{p}$ 为节点声压向量。根据此式可以得到声场中任意一点的声压，从而进一步获得所需要的声场参数。

3.4.2　有限元形函数构建

前面对声学波动方程的离散过程中，使用了形函数来表示空间预设节点与任意位置的联系。在有限元法中，形函数的构建以网格为基础展开。通常是在一个网格中选取若干位置作为节点，并利用其相对位置信息构造形函数。由于形函数构造是在一个局域坐标系下且规则的网格内构建的，而实际问题中在总体坐标系下各个网格所处的空间位置是不同的，而且不同位置的网格还可能发生变形，因此，首先介绍形函数构造过程中局部坐标系与总体坐标系的转换关系。

1. 单元类型及等参变换

在有限法中，对空间进行离散时常用的网格包括四面体单元、六面体单元等，如图 3－3 所示。其中左侧为三维单元在局部坐标系下的示意图，右侧为三维单元在总体坐标系下的示意图。

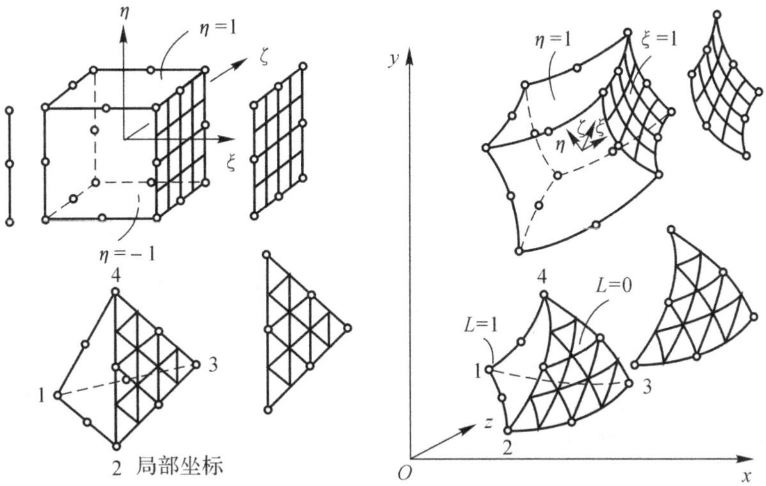

图 3－3　三维单元变换关系

为将图 3-3 中局部坐标中几何形状规则的单元转换成总体坐标中几何形状扭曲的单元，以满足对一般形状求解域进行离散化的需要，要建立一个坐标变换：

$$\begin{bmatrix}x\\y\\z\end{bmatrix}=f\left(\begin{bmatrix}\xi\\\eta\\\zeta\end{bmatrix}\right) \tag{3-88}$$

为建立此变换，最方便的方法是将场函数表示成插值函数的形式，有

$$\left.\begin{aligned} x &= \sum_{i=1}^{m} N_i' x_i \\ y &= \sum_{i=1}^{m} N_i' y_i \\ z &= \sum_{i=1}^{m} N_i' z_i \end{aligned}\right\} \tag{3-89}$$

式中：m 为进行坐标变换的单元节点数；x_i，y_i，z_i 为节点在总体（笛卡儿）坐标内的坐标值；N_i 为形函数，实际上它也是用局部（自然）坐标表示的插值函数。

在有限元法中，形函数为单元内部的、坐标的连续函数，代表了单元上近似解的插值关系，它满足下列条件：

（1）在节点 i 处，$N_i=1$；在其他节点处，$N_i=0$；

（2）能保证用它定义的未知量（u、v 或 x、y）在相邻单元之间的连续性；

（3）应包含任意线性项，使用它定义的单元唯一可满足常应变条件；

（4）应满足 $\sum N_i=1$。

通过式（3-89）建立起两个坐标系之间的变换，从而将自然坐标内的形状规则的单元（母单元）变换为笛卡儿坐标内的形状扭曲的单元（子单元）。

我们还可以看到，坐标变换关系式与声压的插值表示在形式上是相同的。如果坐标变换和函数插值采用相同的节点，并且采用相同的插值函数，则称这种变换为等参变换。

在有限元分析中为了保证解的收敛性，单元必须是协调的和完备的，下面考察在所建立的有限元计算模型中，选择三维等参单元是否满足收敛性的两个条件。

为研究单元集合体的协调性，需要考虑单元之间的公共边（或面）。为了保证协调，相邻单元在这些公共边（或面）上应有完全相同的节点，同时每一单元沿这些边（或面）的坐标和未知函数应采用相同的插值函数加以确定。显然，只要适当划分网格和选择单元，等参元是完全能满足协调性条件的。

关于单元的完备性，需要建立有限元模型用于求解声源点到接收点的低频声传递函数，因此，我们只要求解声压值。因此选择的有限元单元体中，要求插值函数中包含完全的线性项（即一次完全多项式）。选择了等参变换后，式（3-89）可变换为

$$\left.\begin{aligned} x &= \sum_{i=1}^{r} N_i' x_i \\ y &= \sum_{i=1}^{r} N_i' y_i \\ z &= \sum_{i=1}^{r} N_i' z_i \end{aligned}\right\} \tag{3-90}$$

现以所求解声压位置的几何参数线性表示声压值：

$$p = a + bx + cy + dz \tag{3-91}$$

相对应的各节点上的声压值：

$$p_i = a + bx_i + cy_i + dz_i \tag{3-92}$$

经过运算得到单元内的声压表示式：

$$p = a\sum_{i=1}^{r} N_i + bx + cy + dz \tag{3-93}$$

从式(3－93)可以看出，插值函数应满足条件：

$$\sum_{i=1}^{n} N_i = 1 \tag{3-94}$$

上述分析说明在单元内得到了各个节点的线性变化的声压值，即单元能够表示线性变化的声压，亦即满足完备性的条件。

2. 空间 20 节点等参单元

空间等参单元主要有空间 8 节点等参单元和空间 20 节点等参单元两种类型。由于空间 20 节点等参单元属于二次单元，其收敛速度远高于线性单元的空间 8 节点等参单元，因此在求解低频声传递函数时，更适合选择 20 节点单元。

空间 20 节点等参单元的子单元和母单元形式如图 3－4 所示。母单元为一立方体，边长为 2，原点在立方体的中心。其节点局部坐标见表 3－1。

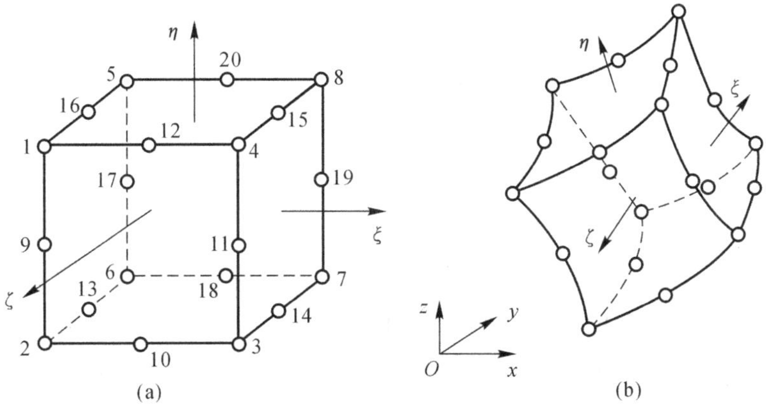

图 3－4　空间 20 节点等参单元的子单元和母单元形式

(a) 母单元；(b) 子单元

表 3－1　节点局部坐标

节点编号	1	2	3	4	5	6	7	8	9	10
ξ	−1	−1	1	1	−1	−1	1	1	−1	0

续表

节点编号	1	2	3	4	5	6	7	8	9	10
η	1	-1	-1	1	1	-1	-1	1	0	-1
ζ	1	1	1	1	-1	-1	-1	-1	1	1
节点编号	11	12	13	14	15	16	17	18	19	20
ξ	1	0	-1	1	1	-1	-1	0	1	0
η	0	1	-1	-1	1	1	0	-1	0	1
ζ	1	1	0	0	0	0	-1	-1	-1	-1

对于空间 20 节点等参单元，给定其单元形函数向量

$$\boldsymbol{N}=[N_1 \quad N_2 \quad \cdots \quad N_{20}]^{\mathrm{T}} \tag{3-95}$$

对于角节点 1 ～ 8，有

$$N_i=(\xi,\eta,\zeta)=\frac{1}{8}(1+\xi_i\xi)(1+\eta_i\eta)(1+\zeta_i\zeta),\quad i=1,2,3,4,5,6,7,8 \tag{3-96}$$

对于 10、12、18、20 节点($\xi_i=0$)，有

$$N_i=\frac{1}{4}(1-\xi^2)(1+\eta_i\eta)(1+\zeta_i\zeta) \tag{3-97}$$

对于 9、11、17、19 节点($\eta_i=0$)，有

$$N_i=\frac{1}{4}(1+\xi_i\xi)(1-\eta^2)(1+\zeta_i\zeta) \tag{3-98}$$

对于 13、14、15、16 节点($\zeta_i=0$)，有

$$N_i=\frac{1}{4}(1+\xi_i\xi)(1+\eta_i\eta)(1-\zeta^2) \tag{3-99}$$

可以验证采用上面形函数的定义方式可以满足等参单元完备性所需的基本条件。上面的讨论是在局部坐标系下进行的。每个单元都有自己的局部坐标系，而单元的集成必须在总体坐标系下进行。由于我们采用的是等参单元，坐标系和场变量使用相同的单元形函数，因此局部坐标系到整体坐标系的坐标变换式为

$$\left.\begin{aligned}x&=\sum_{i=1}^{20}N_i(\xi,\eta,\zeta)x_i\\y&=\sum_{i=1}^{20}N_i(\xi,\eta,\zeta)y_i\\z&=\sum_{i=1}^{20}N_i(\xi,\eta,\zeta)z_i\end{aligned}\right\} \tag{3-100}$$

式中：x_i,y_i,z_i 是已知的单元节点坐标。在整体坐标下，20 节点六面体等参单元的

形状完全由其 20 节点的位置或坐标所决定。其棱边可以是直线，也可以是曲线。各侧面也可以是平面或曲面。因此，可以用 20 节点等参单元来划分边界为平面或曲面的声场空间。

3.4.3 变换阵及变换行列式

在数值计算中，经常需要用到形函数对总体坐标 x,y,z 的一阶偏导数。形函数是关于局部坐标 ξ,η,ζ 的函数，所以必须应用由复合函数的求导法则，有

$$\left.\begin{aligned}\frac{\partial}{\partial\xi}&=\frac{\partial x}{\partial\xi}\frac{\partial}{\partial x}+\frac{\partial y}{\partial\xi}\frac{\partial}{\partial y}+\frac{\partial z}{\partial\xi}\frac{\partial}{\partial z}\\\frac{\partial}{\partial\eta}&=\frac{\partial x}{\partial\eta}\frac{\partial}{\partial x}+\frac{\partial y}{\partial\eta}\frac{\partial}{\partial y}+\frac{\partial z}{\partial\eta}\frac{\partial}{\partial z}\\\frac{\partial}{\partial\zeta}&=\frac{\partial x}{\partial\zeta}\frac{\partial}{\partial x}+\frac{\partial y}{\partial\zeta}\frac{\partial}{\partial y}+\frac{\partial z}{\partial\zeta}\frac{\partial}{\partial z}\end{aligned}\right\}\tag{3-101}$$

将式(3－101) 写成矩阵形式，即

$$\begin{bmatrix}\dfrac{\partial}{\partial\xi}\\\dfrac{\partial}{\partial\eta}\\\dfrac{\partial}{\partial\zeta}\end{bmatrix}=\begin{bmatrix}\dfrac{\partial x}{\partial\xi}&\dfrac{\partial y}{\partial\xi}&\dfrac{\partial z}{\partial\xi}\\\dfrac{\partial x}{\partial\eta}&\dfrac{\partial y}{\partial\eta}&\dfrac{\partial z}{\partial\eta}\\\dfrac{\partial x}{\partial\zeta}&\dfrac{\partial y}{\partial\zeta}&\dfrac{\partial z}{\partial\zeta}\end{bmatrix}\begin{bmatrix}\dfrac{\partial}{\partial x}\\\dfrac{\partial}{\partial y}\\\dfrac{\partial}{\partial z}\end{bmatrix}=\boldsymbol{J}\begin{bmatrix}\dfrac{\partial}{\partial x}\\\dfrac{\partial}{\partial y}\\\dfrac{\partial}{\partial z}\end{bmatrix}\tag{3-102}$$

式中：$\boldsymbol{J}$ 为雅可比矩阵，其表达式为

$$\boldsymbol{J}=\begin{bmatrix}\dfrac{\partial x}{\partial\xi}&\dfrac{\partial y}{\partial\xi}&\dfrac{\partial z}{\partial\xi}\\\dfrac{\partial x}{\partial\eta}&\dfrac{\partial y}{\partial\eta}&\dfrac{\partial z}{\partial\eta}\\\dfrac{\partial x}{\partial\zeta}&\dfrac{\partial y}{\partial\zeta}&\dfrac{\partial z}{\partial\zeta}\end{bmatrix}\tag{3-103}$$

从而

$$\begin{bmatrix}\dfrac{\partial}{\partial x}\\\dfrac{\partial}{\partial y}\\\dfrac{\partial}{\partial z}\end{bmatrix}=\boldsymbol{J}^{-1}\begin{bmatrix}\dfrac{\partial}{\partial\xi}\\\dfrac{\partial}{\partial\eta}\\\dfrac{\partial}{\partial\zeta}\end{bmatrix}\tag{3-104}$$

式中：$\boldsymbol{J}^{-1}$ 为雅可比矩阵的逆矩阵。

结合式(3－100)，即可得到雅可比矩阵的具体表达形式：

$$
\boldsymbol{J}=\begin{bmatrix}\sum_{i=1}^{20}\frac{\partial N_i(\xi,\eta,\zeta)}{\partial\xi}x_i & \sum_{i=1}^{20}\frac{\partial N_i(\xi,\eta,\zeta)}{\partial\xi}y_i & \sum_{i=1}^{20}\frac{\partial N_i(\xi,\eta,\zeta)}{\partial\xi}z_i\\ \sum_{i=1}^{20}\frac{\partial N_i(\xi,\eta,\zeta)}{\partial\eta}x_i & \sum_{i=1}^{20}\frac{\partial N_i(\xi,\eta,\zeta)}{\partial\eta}y_i & \sum_{i=1}^{20}\frac{\partial N_i(\xi,\eta,\zeta)}{\partial\eta}z_i\\ \sum_{i=1}^{20}\frac{\partial N_i(\xi,\eta,\zeta)}{\partial\zeta}x_i & \sum_{i=1}^{20}\frac{\partial N_i(\xi,\eta,\zeta)}{\partial\zeta}y_i & \sum_{i=1}^{20}\frac{\partial N_i(\xi,\eta,\zeta)}{\partial\zeta}z_i\end{bmatrix}=
$$

$$
\begin{bmatrix}\frac{\partial N_1}{\partial\xi} & \frac{\partial N_2}{\partial\xi} & \cdots & \frac{\partial N_{20}}{\partial\xi}\\ \frac{\partial N_1}{\partial\eta} & \frac{\partial N_2}{\partial\eta} & \cdots & \frac{\partial N_{20}}{\partial\eta}\\ \frac{\partial N_1}{\partial\zeta} & \frac{\partial N_2}{\partial\zeta} & \cdots & \frac{\partial N_{20}}{\partial\zeta}\end{bmatrix}\begin{bmatrix}x_1 & y_1 & z_1\\ x_2 & y_2 & z_2\\ \vdots & \vdots & \vdots\\ x_{20} & y_{20} & z_{20}\end{bmatrix} \tag{3-105}
$$

根据式(3－105),求解各单元矩阵需对总体坐标求积分。现在要在局部坐标系下形成单元矩阵,这个积分也要化为对局部坐标的积分。因此必须将 $\mathrm{d}x,\mathrm{d}y,\mathrm{d}z$ 换成 $\mathrm{d}\xi,\mathrm{d}\eta,\mathrm{d}\zeta$,且积分域也相应地变为边长为 2 的立方体,应用微分几何中的微分关系式得到

$$
dv_{\mathrm{e}}=\mathrm{d}x\mathrm{d}y\mathrm{d}z=|\boldsymbol{J}|\,\mathrm{d}\xi\mathrm{d}\eta\mathrm{d}\zeta \tag{3-106}
$$

式中:$|\boldsymbol{J}|=\det\boldsymbol{J}$ 是变换阵 $\boldsymbol{J}$ 的行列式,称作变换行列式,它是局部坐标的函数。

3.4.4 单元矩阵计算

在集成总体有限元矩阵之前,先考虑单元质量矩阵$\boldsymbol{M}^{\mathrm{e}}$、单元刚度矩阵 $\boldsymbol{K}^{\mathrm{e}}$,单元阻尼矩阵$\boldsymbol{C}^{\mathrm{e}}$ 和单元等效节点载荷向量$\boldsymbol{F}^{\mathrm{e}}$ 的有限元计算格式。

1. 单元质量矩阵

由式(3－80)有

$$
\boldsymbol{M}^{\mathrm{e}}=\int_{-1}^{1}\int_{-1}^{1}\int_{-1}^{1}\boldsymbol{N}\boldsymbol{N}^{\mathrm{T}}\,|\boldsymbol{J}|\,\mathrm{d}\xi\mathrm{d}\eta\mathrm{d}\zeta \tag{3-107}
$$

对于$\boldsymbol{M}^{\mathrm{e}}$ 中的任一元素 m_{ij},有

$$
m_{ij}=\int_{-1}^{1}\int_{-1}^{1}\int_{-1}^{1}N_iN_j\,|\boldsymbol{J}|\,\mathrm{d}\xi\mathrm{d}\eta\mathrm{d}\zeta \tag{3-108}
$$

2. 单元刚度矩阵

由式(3－79)可知

$$
\nabla N=[N_1\quad N_2\quad\cdots\quad N_{20}]^{\mathrm{T}}\begin{bmatrix}\frac{\partial}{\partial\xi} & \frac{\partial}{\partial\eta} & \frac{\partial}{\partial\zeta}\end{bmatrix}(\boldsymbol{J}^{-1})^{\mathrm{T}}=[\boldsymbol{B}_1\quad\boldsymbol{B}_2\quad\cdots\quad\boldsymbol{B}_{20}]^{\mathrm{T}}(\boldsymbol{J}^{-1})^{\mathrm{T}} \tag{3-109}
$$

式中:

$$
\boldsymbol{B}_i=\begin{bmatrix}\frac{\partial N_i}{\partial\xi} & \frac{\partial N_i}{\partial\eta} & \frac{\partial N_i}{\partial\zeta}\end{bmatrix}^{\mathrm{T}},\quad i=1,2,\cdots,20 \tag{3-110}
$$

最后有

$$\boldsymbol{K}^{\mathrm{e}}=\int_{-1}^{1}\int_{-1}^{1}\int_{-1}^{1}\begin{bmatrix}B_1\\B_2\\\vdots\\B_{20}\end{bmatrix}(\boldsymbol{J}^{-1})^{\mathrm{T}}\boldsymbol{J}^{-1}[\boldsymbol{B}_1\quad\boldsymbol{B}_2\quad\cdots\quad\boldsymbol{B}_{20}]\,|\boldsymbol{J}|\,\mathrm{d}\xi\mathrm{d}\eta\mathrm{d}\zeta \tag{3-111}$$

3. 单元阻尼矩阵

由于在计算中不考虑空气的吸收衰减，所以只对封闭空间界面上的单元计算阻尼矩阵。计算单元阻尼矩阵的关键是处理面积积分问题。在任一边界上，空间 20 节点等参单元降阶为二次四边形单元。由于 8 个节点不一定在同一平面内，所以不能简单地按平面 8 节点等参单元来处理。下面以边界面在局部坐标系下的方程为 $\xi=1$ 的边界面为例，说明单元阻尼矩阵的计算过程。对于 $\xi=1$ 的平面，其在整体坐标系下的参数方程为

$$\left.\begin{aligned}x&=x(1,\eta,\zeta)\\y&=y(1,\eta,\zeta)\\z&=z(1,\eta,\zeta)\end{aligned}\right\} \tag{3-112}$$

其在任一点的切平面由两个切向量所组成，即

$$\left.\begin{aligned}\boldsymbol{\gamma}_\eta&=\begin{bmatrix}\dfrac{\partial x}{\partial\eta}&\dfrac{\partial y}{\partial\eta}&\dfrac{\partial z}{\partial\eta}\end{bmatrix}\\\boldsymbol{\gamma}_\zeta&=\begin{bmatrix}\dfrac{\partial x}{\partial\zeta}&\dfrac{\partial y}{\partial\zeta}&\dfrac{\partial z}{\partial\zeta}\end{bmatrix}\end{aligned}\right\} \tag{3-113}$$

如图 3－5 所示，面积微分就是两向量 $\boldsymbol{\gamma}_\eta\mathrm{d}\eta$ 和 $\boldsymbol{\gamma}_\zeta\mathrm{d}\zeta$ 所构成的平行四边形的面积，即上述两向量的向量积的绝对值：

$$\mathrm{d}s=|\boldsymbol{\gamma}_\eta\mathrm{d}\eta\times\boldsymbol{\gamma}_\zeta\mathrm{d}\zeta|=|\boldsymbol{\gamma}_\eta\times\boldsymbol{\gamma}_\zeta|\,\mathrm{d}\eta\mathrm{d}\zeta \tag{3-114}$$

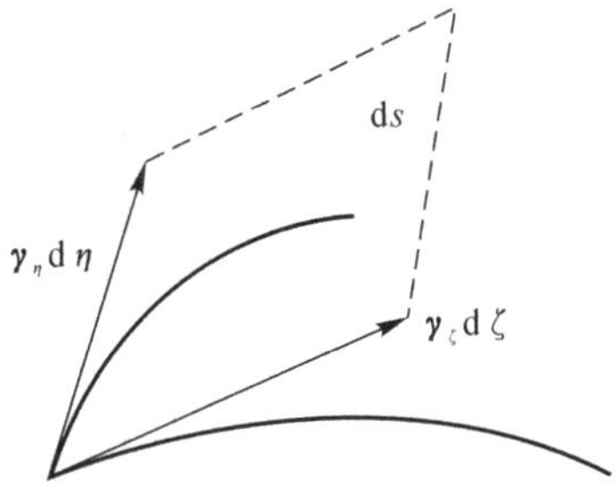

图 3－5　单位方向示意图

由向量积的定义可知

$$\boldsymbol{\gamma}_\eta \times \boldsymbol{\gamma}_\zeta = \left(\frac{\partial y}{\partial \eta}\frac{\partial z}{\partial \zeta} - \frac{\partial y}{\partial \zeta}\frac{\partial z}{\partial \eta}\right)\boldsymbol{i} + \left(\frac{\partial z}{\partial \eta}\frac{\partial x}{\partial \zeta} - \frac{\partial z}{\partial \zeta}\frac{\partial x}{\partial \eta}\right)\boldsymbol{j} + \left(\frac{\partial x}{\partial \eta}\frac{\partial y}{\partial \zeta} - \frac{\partial x}{\partial \zeta}\frac{\partial y}{\partial \eta}\right)\boldsymbol{k} \tag{3-115}$$

式中:$\boldsymbol{i}$,$\boldsymbol{j}$,$\boldsymbol{k}$ 分别表示沿 x,y,z 轴方向的单位向量,于是有

$$|\boldsymbol{\gamma}_\eta \times \boldsymbol{\gamma}_\zeta| = \sqrt{\left(\frac{\partial y}{\partial \eta}\frac{\partial z}{\partial \zeta} - \frac{\partial y}{\partial \zeta}\frac{\partial z}{\partial \eta}\right)^2 + \left(\frac{\partial z}{\partial \eta}\frac{\partial x}{\partial \zeta} - \frac{\partial z}{\partial \zeta}\frac{\partial x}{\partial \eta}\right)^2 + \left(\frac{\partial x}{\partial \eta}\frac{\partial y}{\partial \zeta} - \frac{\partial x}{\partial \zeta}\frac{\partial y}{\partial \eta}\right)^2} \tag{3-116}$$

为了书写方便,令

$$\left.\begin{aligned} A &= \left(\frac{\partial x}{\partial \eta}\right)^2 + \left(\frac{\partial y}{\partial \eta}\right)^2 + \left(\frac{\partial z}{\partial \eta}\right)^2 \\ B &= \left(\frac{\partial x}{\partial \zeta}\right)^2 + \left(\frac{\partial y}{\partial \zeta}\right)^2 + \left(\frac{\partial z}{\partial \zeta}\right)^2 \\ D &= \left(\frac{\partial x}{\partial \eta}\frac{\partial x}{\partial \zeta}\right) + \left(\frac{\partial y}{\partial \eta}\frac{\partial y}{\partial \zeta}\right) + \left(\frac{\partial z}{\partial \eta}\frac{\partial z}{\partial \zeta}\right) \end{aligned}\right\} \tag{3-117}$$

那么

$$|\boldsymbol{\gamma}_\eta \times \boldsymbol{\gamma}_\zeta| = \sqrt{AB - D^2} \tag{3-118}$$

在 $\xi=1$ 的平面上,单元形函数为

$$\left.\begin{aligned} N_i &= \frac{1}{4}(1+\eta_i\eta)(1+\zeta_i\zeta) \\ N_i &= \frac{1}{2}(1-\eta^2)(1+\zeta_i\zeta) \\ N_i &= \frac{1}{2}(1-\zeta^2)(1+\eta_i\eta) \\ N_i &= 0 \end{aligned}\right\} \tag{3-119}$$

最终,可得到单元阻尼矩阵的有限元计算公式为

$$\boldsymbol{C}^e = \frac{1}{z_s}\int_{-1}^{1}\int_{-1}^{1}\boldsymbol{N}\boldsymbol{N}^{\mathrm{T}}\sqrt{AB-D^2}\,\mathrm{d}\eta\mathrm{d}\zeta \tag{3-120}$$

上面只给出了边界面 $\xi=1$ 的情况,其他边界面 $\xi=-1$,$\eta=\pm1$,$\zeta=\pm1$ 的情况可通过轮换 ξ,η,ζ 得到。

4. 单元等效节点载荷向量

由式(3-82)有

$$\boldsymbol{F}^e = \int_{-1}^{1}\int_{-1}^{1}\int_{-1}^{1} f\boldsymbol{N}\,|\boldsymbol{J}|\,\mathrm{d}\xi\mathrm{d}\eta\mathrm{d}\zeta \tag{3-121}$$

5. 组装总体矩阵

$\boldsymbol{M}$,$\boldsymbol{K}$,$\boldsymbol{C}$ 均为对称矩阵。矩阵的存储方式很多,如一维编码压缩存储、等带宽存储、三角存储等。有限元总体矩阵的集成是由相应的单元矩阵各元素直接装入总体矩阵对应的位置中的。下面介绍下三角存储方式。

假设一单元 e 的节点局部自由度号与总体自由度号的对应关系见表 3-2。

表 3-2　单元 e 的节点局部自由度号与总体自由度号的对应关系

局部自由度号	1	2	3	4	5	6	7	8	9	10
整体自由度号	2	27	37	8	136	169	304	233	26	33
局部自由度号	11	12	13	14	15	16	17	18	19	20
整体自由度号	36	9	168	300	291	227	137	175	303	234

所谓单元节点局部自由度号，是指单元节点在局部坐标系下的节点编号，在这里所讨论的空间 20 节点等参单元中，节点局部自由度号为 1 ～ 20。而单元节点总体自由度号是指节点在总体坐标系下的编号。

行和列的总体自由度号分别为 i 和 j 的元素在一维数组中的序号为

$$IJ = \frac{i(i-1)}{2} + j \tag{3-122}$$

若存储元素的总数用 KK 表示，总体矩阵的阶数为 N(N 为离散节点总数)，则存储元素总数为

$$KK = \frac{N(N+1)}{2} \tag{3-123}$$

根据计算机的容量和计算精度的要求，确定合理的离散节点数 N。

3.5　边界元室内声场仿真算法

边界元法是在有限元法之后发展起来的一种数值分析方法，又称边界积分方程-边界元法。它以定义在边界上的边界积分方程为控制方程，通过对边界单元插值离散，化为代数方程组求解。它与基于偏微分方程的区域解法(主要为有限元法)相比，由于降低了问题的维数，而显著降低了自由度数，边界的离散也比有限元的离散方便一些，可用较简单的单元准确地模拟边界形状，最终得到阶数较低的线性代数方程组。又由于它利用微分算子的解析的基本解作为边界积分方程的核函数，而具有解析与数值相结合的特点，通常具有较高的精度。但是，由于边界元法的应用范围以存在相应微分算子的基本解为前提，对于非均匀介质等问题难以应用，故其适用范围远不如有限元法广泛，而且通常由它建立的求解代数方程组的系数阵是非对称满阵，对解题规模产生较大限制。另外，对一般的非线性问题，由于在方程中会出现域内积分项，从而部分抵消了边界元法只要离散边界的优点。

边界元法的实现过程与有限元法类似，不过其微分方程的离散方式以及最终所获得的系统方程与有限元法存在较大区别。鉴于边界元法的单元划分形式、形函数构造方式与有限元法较为类似，本书仅介绍边界元法的微分方程离散方法。

假定在封闭空间内存在一个声源，它在单位时间内向单位体积内的空间提供了 ρq 的媒质质量，此时声场的有源亥姆霍兹方程为

$$\nabla^2 p + k^2 p + \mathrm{j}\rho\omega q = 0 \tag{3-124}$$

式中：$k=\omega/c$，c 为空气中的声速；ρ 为空气密度；q 为声源强度。在较小的封闭空间内部通常有两种吸声边界条件：$\frac{\partial p}{\partial n}=0$ 以及 $\frac{\partial p}{\partial n}=-\frac{\mathrm{j}kp}{\zeta}$，第一个代表刚性边界条件，第二个中 n 为封闭空间壁面外法线方向，ζ 称为比声阻抗，满足 $\zeta=Z/\rho c$，Z 为界面声阻抗。

在三维问题中，亥姆霍兹方程存在基本解 $G=\frac{\mathrm{e}^{-\mathrm{j}kr}}{4\pi r}$，其中 r 为源点到场点之间的距离，它表示当声场中源点存在单位强度的“源”时，对任意场点所产生的影响，其满足以下方程：

$$\nabla^2 G + k^2 G + \delta = 0 \tag{3-125}$$

式中：δ 为狄拉克函数，当源点与场点重合时，δ 为无限大，否则为 0。

根据格林第二公式：

$$\int_\Omega (v\nabla^2 u - u\nabla^2 v)\,\mathrm{d}\Omega = \int_\Gamma \left(v\frac{\partial u}{\partial n} - u\frac{\partial v}{\partial n}\right)\mathrm{d}\Gamma \tag{3-126}$$

将式(3-124)、式(3-125)分别代入式(3-126)，并进行边界化处理，即可得到边界积分方程：

$$C_i p_i - \int_\Omega \mathrm{j}\rho\omega qG\,\mathrm{d}\Omega = \int_\Gamma \left(G\frac{\partial p}{\partial n} - p\frac{\partial G}{\partial n}\right)\mathrm{d}\Gamma,\quad i=1,2,\cdots,n \tag{3-127}$$

式中：C_i 代表边界系数，满足 $C_i=\frac{\theta}{4\pi}$，其中 θ 为 i 点向区域内所张的立体角。

式(3-127)右边项中边界上任意一点的声压及边界条件可用边界上的节点声压以及边界条件分别表示为

$$p = \boldsymbol{N}\boldsymbol{p} = [N_1 \quad N_2 \quad \cdots \quad N_n]\begin{bmatrix} p_1 \\ p_2 \\ \vdots \\ p_n \end{bmatrix} \tag{3-128}$$

$$\frac{\partial p}{\partial n} = \boldsymbol{N}\frac{\partial \boldsymbol{p}}{\partial \boldsymbol{n}} = [N_1 \quad N_2 \quad \cdots \quad N_n]\begin{bmatrix} \frac{\partial p}{\partial n_1} \\ \frac{\partial p}{\partial n_2} \\ \vdots \\ \frac{\partial p}{\partial n_n} \end{bmatrix} \tag{3-129}$$

式中：N_i 为节点 i 处的形函数；p_i 及 $\frac{\partial p}{\partial n_i}$ 分别为节点 i 处的声压和吸声边界条件。将式(3-128)、式(3-129)代入式(3-127)并经过适当变换可得

$$\boldsymbol{C}\boldsymbol{p}=-\int_{\Gamma}\frac{\mathrm{j}kG}{\zeta}\boldsymbol{N}\mathrm{d}\Gamma\cdot\boldsymbol{p}-\int_{\Gamma}\frac{\partial G}{\partial n}\boldsymbol{N}\mathrm{d}\Gamma\cdot\boldsymbol{p}+\int_{\Omega}\mathrm{j}\rho\omega qG\mathrm{d}\Omega \tag{3-130}$$

令

$$\left.\begin{aligned}\boldsymbol{A}&=\int_{\Gamma}\frac{\mathrm{j}kG}{\zeta}\boldsymbol{N}\mathrm{d}\Gamma\\ \boldsymbol{B}&=\int_{\Gamma}\frac{\partial G}{\partial n}\boldsymbol{N}\mathrm{d}\Gamma\\ \boldsymbol{F}&=\int_{\Omega}\mathrm{j}\rho\omega qG\mathrm{d}\Omega\end{aligned}\right\} \tag{3-131}$$

当声源为位于空间内某一位置 $c_0(x_0,y_0,z_0)$ 的点声源时，声源强度可以表示为

$$q(r)=q(c_0)\delta(c-c_0) \tag{3-132}$$

式中：

$$\delta(c-c_0)=\begin{cases}0, & c\neq c_0\\ 1, & c=c_0\end{cases} \tag{3-133}$$

将式(3-132)代入式(3-131)的 $\boldsymbol{F}$ 中可得

$$\boldsymbol{F}=\int_{\Omega}\mathrm{j}\rho\omega qG\mathrm{d}\Omega=\mathrm{j}\rho\omega G_{c_0}q(c_0)\mathrm{d}\Omega \tag{3-134}$$

令 $Q_0=q(c_0)\mathrm{d}\Omega$，其中 Q_0 为此点声源的体积速度，则可得

$$\boldsymbol{F}=\mathrm{j}\rho\omega G_{c_0}Q_0 \tag{3-135}$$

将式(3-131)及式(3 135)代入式(3-130)，即可得到边界系统方程

$$(\boldsymbol{C}+\boldsymbol{A}+\boldsymbol{B})\boldsymbol{p}=\boldsymbol{F} \tag{3-136}$$

利用此方程可得到边界上节点的声压，继而得到封闭空间中任意一点的声压。

3.6　无网格室内声场仿真算法

前面所述有限元法、边界元法等经典的室内声场仿真算法已经获得了广泛的应用，得到了广泛的认可。近十几年来，在力学领域发展起来一种新型数值计算方法——无网格法。所谓无网格法，就是用一组节点来离散求解区域，直接借助于离散点来构造形函数，从而能彻底或部分地消除网格的一种数值计算方法。由于摆脱了网格的束缚，无网格法具有一系列良好的特性。第一，由于只需要将模型用节点离散，大大降低了前处理的难度，而且避免了因网格畸变带来的问题；第二，采用紧支函数的无网格法和有限元法一样具有带状稀疏矩阵的特点，适用于求解大型

科学和工程问题；第三，无网格法的自适应很强，在自适应分析中不需要重新划分网格，极易实现自适应分析，若引进小波函数还具有多尺度分析功能；第四，无网格法可以提供连续性好、形式灵活的形函数，从而使计算结果光滑连续，不需要光顺化的后处理。鉴于无网格法的诸多优良特性，本书也将对此方法在室内声场仿真中的应用进行介绍。

利用有限元法进行数值仿真一般需要关键的三步：①对未知函数进行逼近（含待定参数）；②将该逼近函数代入系统模型（微分方程、各种弱变形形式或边界积分方程）构成代数方程组；③求解代数方程组中待定参数来描述未知函数。作为一种数值计算方法，无网格法同样遵循此步骤解决问题，但是在这些关键步骤中所采用的技术与传统的有限元法有很大的区别。采用无网格法及有限元法进行建模计算的步骤如图 3－6 所示，从图中可以看出，两者在以何种方式离散模型，以及定义形函数方面有很大差别。由于无网格法所采用的系统方程与有限元法一致，因此这里不再赘述微分方程的离散过程，而仅就无网格法形函数构造等不同的地方进行介绍。

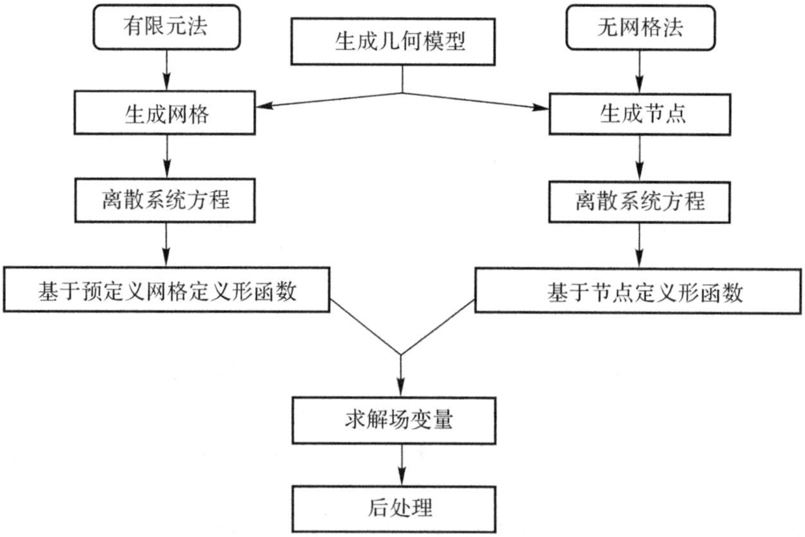

图 3－6　无网格法与有限元法流程对比图

3.6.1　无网格形函数构造方法

数值仿真方法中，在寻求构造微分方程连同其边界条件所控制的一个问题的近似解时，首先需利用试函数近似描述未知的场函数，然后可建立其离散系统方程。这里的试函数就是由形函数构成的，而且与有限元法不同，在无网格法模型中没有预定义的单元可被用于函数近似，因此在所给计算点上构造拥有良好性质的形函数在无网格法中非常重要。良好的形函数应包含一些基本要求，包括对任意合理分布的节点应具备强适应性(节点分布任意性)、数值稳定性、阶数一致性、紧支性等。

在形函数的各项要求中,紧支性是尤为重要的。紧支性的含义是形函数应是局部支持的,即通过一个小局部域中的一组节点构造得来,该形函数不能应用于局部域之外,这样才能在系统方程中得到带状矩阵,提高求解效率,并适用于计算大型问题。用来构造形函数的局部域被称为支持域或影响域,在二维问题中,支持域可以为圆形或矩形,在三维问题中,支持域可以为球形或盒形。图 3-7 为二维问题中支持域的示意图。

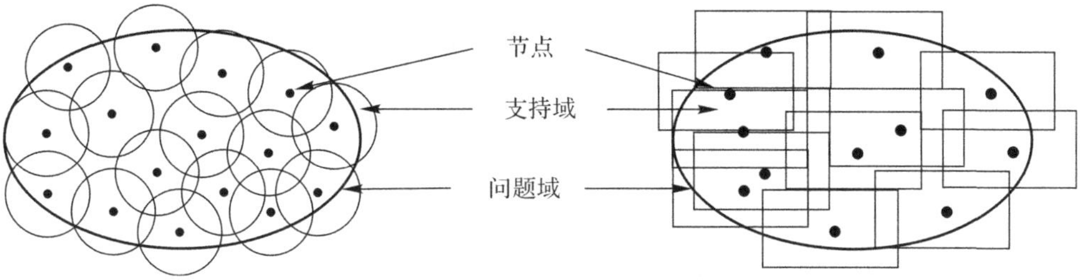

图 3-7　圆形支持域及矩形支持域示意图

本小节将介绍构造无网格法形函数的一些技术,包括移动最小二乘法、核近似法、重构核近似法、点插值法、单位分解近似和 hp 云团法等。在这些方法中,移动最小二乘法以其优良的性质成为应用最为广泛的方法,将做重点介绍。

1. 移动最小二乘法

移动最小二乘(Moving Least Square,MLS)法最初由数学家设计用于数据拟合以及表面构造,现在则被广泛应用于构造无网格形函数。在移动最小二乘法中,一个场函数 $u(\boldsymbol{x})$在一点的近似值可以表示为

$$u^h(\boldsymbol{x}) = \sum_{i=1}^{m} p_i(\boldsymbol{x}) a_i(\boldsymbol{x}) = \boldsymbol{p}^{\mathrm{T}}(\boldsymbol{x})\boldsymbol{a}(\boldsymbol{x}) \tag{3-137}$$

式中:$\boldsymbol{p}(\boldsymbol{x}) = [p_1(\boldsymbol{x}) \quad p_2(\boldsymbol{x}) \quad \cdots \quad p_m(\boldsymbol{x})]^{\mathrm{T}}$ 为基函数向量;m 为基函数的个数;$\boldsymbol{a}(\boldsymbol{x}) = [a_1(\boldsymbol{x}) \quad a_2(\boldsymbol{x}) \quad \cdots \quad a_m(\boldsymbol{x})]^{\mathrm{T}}$ 为待定系数向量。

基函数可采用图 3-8 所示的帕斯卡三角确定,并尽量选用完备基。二维空间中单项式基函数为

$$\left.\begin{aligned} &\text{线性基}:\boldsymbol{p}(\boldsymbol{x}) = [1 \quad x \quad y]^{\mathrm{T}}, \quad m=3 \\ &\text{二次基}:\boldsymbol{p}(\boldsymbol{x}) = [1 \quad x \quad y \quad x^2 \quad xy \quad y^2]^{\mathrm{T}}, \quad m=6 \end{aligned}\right\} \tag{3-138}$$

在三维空间中,单项式基函数为

$$\left.\begin{aligned} &\text{线性基}:\boldsymbol{p}(\boldsymbol{x}) = [1 \quad x \quad y \quad z]^{\mathrm{T}}, \quad m=4 \\ &\text{二次基}:\boldsymbol{p}(\boldsymbol{x}) = [1 \quad x \quad y \quad z \quad x^2 \quad xy \quad y^2 \quad yz \quad z^2 \quad xz]^{\mathrm{T}}, \quad m=10 \end{aligned}\right\} \tag{3-139}$$

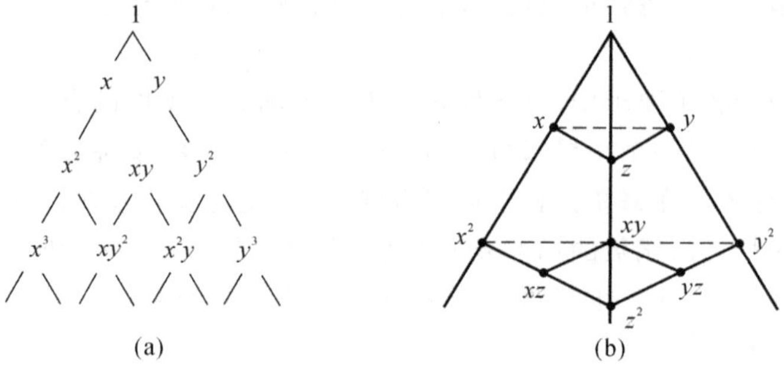

图 3-8　帕斯卡三角示意图

(a) 二维帕斯卡三角；(b) 三维帕斯卡三角

式(3-137) 中的系数 $a_i(\boldsymbol{x})$ 可通过对下列加权离散 L_2 范数取极小得到：

$$J=\sum_{I=1}^{N} w_I(\boldsymbol{x}-\boldsymbol{x}_I)\left[\boldsymbol{p}^{\mathrm{T}}(\boldsymbol{x}_I)\boldsymbol{a}(\boldsymbol{x})-u_I\right]^2= \sum_{I=1}^{N} w_I(\boldsymbol{x}-\boldsymbol{x}_I)\left[\sum_{i=1}^{m} p_i(\boldsymbol{x}_I)a_i(\boldsymbol{x})-u_I\right]^2 \tag{3-140}$$

式中：N 为节点数目；$\boldsymbol{x}_I$ 为节点；u_I 为节点 $\boldsymbol{x}_I$ 处的场值；$w_I(\boldsymbol{x}-\boldsymbol{x}_I)$ 为节点 $\boldsymbol{x}_I$ 处的权函数，此权函数只在 $\boldsymbol{x}_I$ 的支持域内大于零，而在支持域外为零。令 J 取极小值，即

$$\frac{\partial J}{\partial a_j(\boldsymbol{x})}=2\sum_{I=1}^{N} w_I(\boldsymbol{x}-\boldsymbol{x}_I)\left[\sum_{i=1}^{m} p_i(\boldsymbol{x}_I)a_i(\boldsymbol{x})-u_I\right]p_j(\boldsymbol{x}_I)=0,\quad j=1,2,\cdots,m \tag{3-141}$$

整理式(3-141)，可得

$$\sum_{i=1}^{m}\left[\sum_{I=1}^{N} w_I(\boldsymbol{x}-\boldsymbol{x}_I)p_i(\boldsymbol{x}_I)p_j(\boldsymbol{x}_I)\right]a_i(\boldsymbol{x})=\left[\sum_{I=1}^{N} w_I(\boldsymbol{x}-\boldsymbol{x}_I)p_j(\boldsymbol{x}_I)\right]u_I \tag{3-142}$$

可将式(3-142) 写为

$$\boldsymbol{A}(\boldsymbol{x})\boldsymbol{a}(\boldsymbol{x})=\boldsymbol{B}(\boldsymbol{x})\boldsymbol{u} \tag{3-143}$$

式中：

$$\left.\begin{aligned}
&\boldsymbol{A}(\boldsymbol{x})=\sum_{I=1}^{N} w_I(\boldsymbol{x}-\boldsymbol{x}_I)\boldsymbol{p}(\boldsymbol{x}_I)\boldsymbol{p}^{\mathrm{T}}(\boldsymbol{x}_I)\\
&\boldsymbol{B}(\boldsymbol{x})=\left[w_1(\boldsymbol{x}-\boldsymbol{x}_I)\boldsymbol{p}(\boldsymbol{x}_1)\quad w_2(\boldsymbol{x}-\boldsymbol{x}_I)\boldsymbol{p}(\boldsymbol{x}_2)\quad\cdots\quad w_N(\boldsymbol{x}-\boldsymbol{x}_I)\boldsymbol{p}(\boldsymbol{x}_N)\right]
\end{aligned}\right\} \tag{3-144}$$

通过求解式(3-143)，可得系数向量 $\boldsymbol{a}(\boldsymbol{x})$：

$$\boldsymbol{a}(\boldsymbol{x})=\boldsymbol{A}^{-1}(\boldsymbol{x})\boldsymbol{B}(\boldsymbol{x})\boldsymbol{u} \tag{3-145}$$

将式(3-145) 代入式(3-137) 中得

$$u^h(\boldsymbol{x})=\boldsymbol{p}^{\mathrm{T}}(\boldsymbol{x})\boldsymbol{A}^{-1}(\boldsymbol{x})\boldsymbol{B}(\boldsymbol{x})\boldsymbol{u}=\boldsymbol{N}(\boldsymbol{x})^{\mathrm{T}}\boldsymbol{u} \tag{3-146}$$

式中：$\boldsymbol{N}(\boldsymbol{x})=[N_1(x)\quad N_2(x)\quad\cdots\quad N_N(x)]^{\mathrm{T}}$，即为形函数向量。

通过式(3-146)，可求得形函数的一阶导数及二阶导数为

$$\left.\begin{aligned}\boldsymbol{N}_{,i}&=\boldsymbol{r}_{,i}^{\mathrm{T}}\boldsymbol{B}+\boldsymbol{r}^{\mathrm{T}}\boldsymbol{B}_{,i}\\ \boldsymbol{N}_{,ij}&=\boldsymbol{r}_{,ij}^{\mathrm{T}}\boldsymbol{B}+\boldsymbol{r}_{,i}^{\mathrm{T}}\boldsymbol{B}_{,j}+\boldsymbol{r}_{,j}^{\mathrm{T}}\boldsymbol{B}_{,i}+\boldsymbol{r}^{\mathrm{T}}B_{,j}\end{aligned}\right\}\tag{3-147}$$

式中：$\boldsymbol{r}=\boldsymbol{A}^{-1}\boldsymbol{p}$，下标“$,i$”表示对空间坐标 x^i 的导数，在三维空间中，x^1 表示 x，x^2 表示 y，x^3 表示 z。$\boldsymbol{r}$ 的导数可由下式求得：

$$\left.\begin{aligned}\boldsymbol{r}_{,i}&=\boldsymbol{A}^{-1}(\boldsymbol{p}_{,i}-\boldsymbol{A}_{,i}\boldsymbol{r})\\ \boldsymbol{r}_{,ij}&=\boldsymbol{A}^{-1}(\boldsymbol{p}_{,ij}-\boldsymbol{A}_{,i}\boldsymbol{r}_{,j}-\boldsymbol{A}_{,j}\boldsymbol{r}_{,i}-\boldsymbol{A}_{,ij}\boldsymbol{r})\end{aligned}\right\}\tag{3-148}$$

从移动最小二乘法的求解过程来看，权函数与形函数的求解精度以及求解速度都有直接的关系，因此权函数的选择是至关重要的。常用的权函数包括高斯型权函数、三次样条函数、四次样条函数等，如下式所示：

$$\left.\begin{aligned}&\text{高斯型：}w(r)=\begin{cases}\dfrac{\mathrm{e}^{-r^2\beta^2}-\mathrm{e}^{-\beta^2}}{1-\mathrm{e}^{-\beta^2}}, & r\leqslant 1\\ 0, & r>1\end{cases}\\ &\text{三次样条：}w(r)=\begin{cases}2/3-4r^2+4r^3, & r\leqslant 1/2\\ 4/3-4r+4r^2-4r^3/3, & \dfrac{1}{2}<r\leqslant 1\\ 0, & r>1\end{cases}\\ &\text{四次样条：}w(r)=\begin{cases}1-6r^2+8r^3-3r^4, & r\leqslant 1\\ 0, & r>1\end{cases}\end{aligned}\right\}\tag{3-149}$$

式中：$r=\|\boldsymbol{x}-\boldsymbol{x}_I\|/d_{mI}$，代表计算点与节点的距离信息，若支持域为圆形或球形，则 d_{mI} 为支持域的半径，若支持域为矩形或盒形，则 d_{mI} 为边长。

为验证通过移动最小二乘法得到的形函数的准确性，做一简单数值验算。设一矩形长度为 2.4，高度为 2，如图 3-9(a) 所示，原点取在其中心，图中实心圆点代表节点，空心圆点代表计算点，计算点的数目多于节点数目。此例中，在矩形区域中的计算点上进行运算：$z=x^2+y^2$，然后在节点上同样进行此运算，并利用移动最小二乘法所得到的形函数对节点之外的计算点进行插值。图 3-9(b) ~ (d) 为在原点处的形函数、形函数导数示意图。在本例中选取二次基，圆形支持域，支持域半径为 0.8，高斯型权函数。验算函数及误差如图 3-10 所示，通过误差图可看出，两者绝对误差最大仅为 8.1×10^{-14}，差别几乎可以忽略。

利用移动最小二乘法构造无网格形函数的主要优势在于可以应用低阶的基函数通过选取适当的权函数来获得具有较高连续性和相容性的形函数，因此基于移动最小二乘法的无网格法可得到在全求解域内连续的场函数，不需要做进一步的光顺化处理。但是移动最小二乘法也有其缺点，即不满足克罗内克 δ 函数性质，导致其本质边界条件处理困难，需要使用特殊的本质边界条件处理方法。

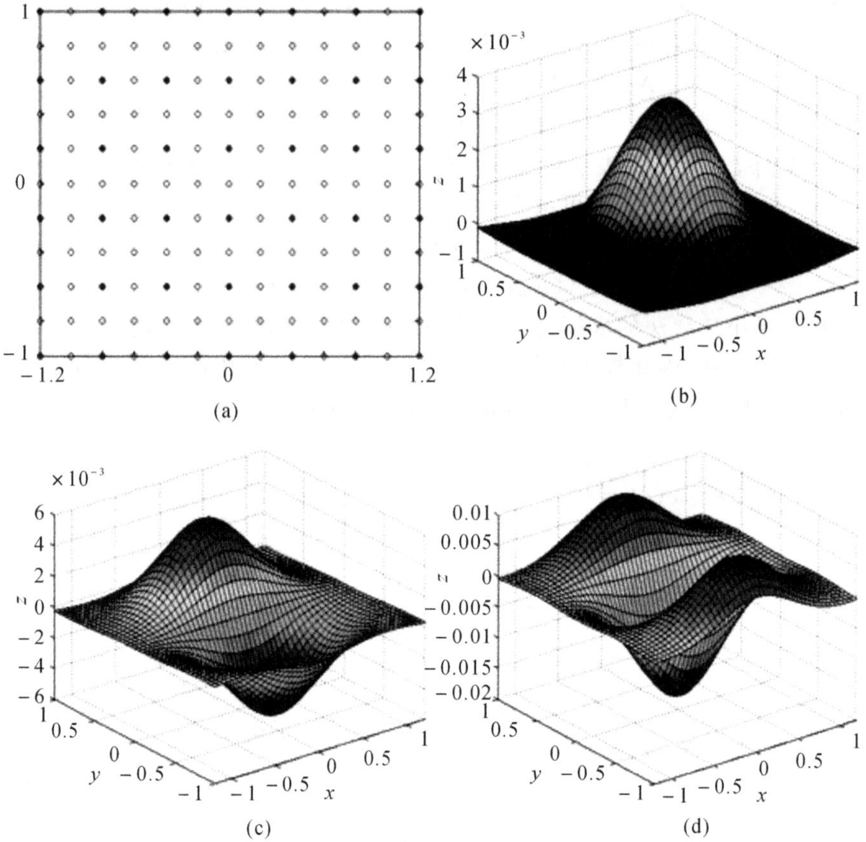

图 3-9　矩形区域及形函数、形函数导数示意图

(a) 矩形区域；(b) 形函数；(c) 形函数一阶导数；(d) 形函数二阶导数

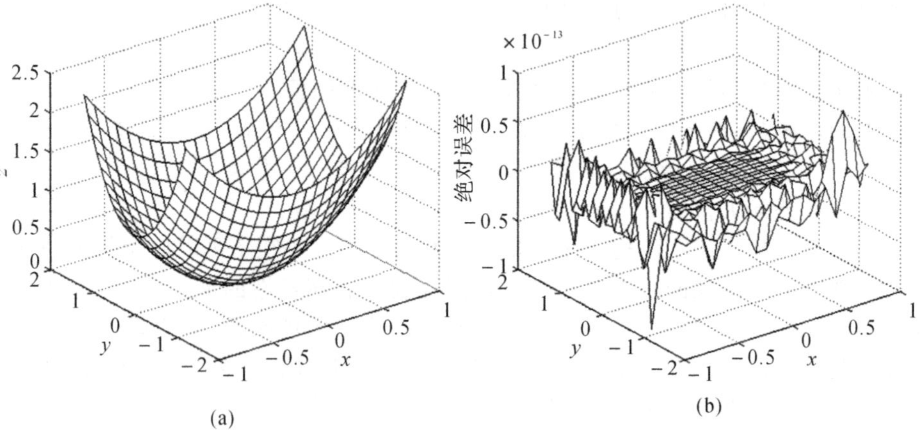

图 3-10　验算函数及绝对误差图

(a) 验算函数示意图；(b) 绝对误差示意图

2. 核近似法与重构核近似法

在核近似法中，一个场函数 $u(\boldsymbol{x})$ 在一点的近似值可以表示为

$$u^h(\boldsymbol{x})=\int_{\Omega} u(\boldsymbol{x}_I)w(\boldsymbol{x}-\boldsymbol{x}_I)\mathrm{d}v \tag{3-150}$$

式中：Ω 为求解域；$w(\boldsymbol{x}-\boldsymbol{x}_I)$ 称为核函数，它应满足半正定性、紧支性、归一性等条件。B 样条函数是常用的核函数，有

$$w(r)=\begin{cases} G/h^d\,[1-1.5r^2+0.75r^3], & r<1 \\ G/4h^d\,[2-r]^3, & 1\leqslant r<2 \\ 0, & r\geqslant 2 \end{cases} \tag{3-151}$$

式中：$r=\|\boldsymbol{x}-\boldsymbol{x}_I\|/h$；$d$ 是空间维数；G 为归一化常数，在一维问题中，G 等于 2/3，在二维问题中，G 等于 $10/7\pi$，在三维问题中，G 等于 $1/\pi$。

在数值计算中，对式(3－150) 进行数值积分，可得到其离散形式：

$$u^h(\boldsymbol{x})=\sum_{i=1}^{n} w_i(\boldsymbol{x})u_i\Delta V_i=\sum_{i=1}^{n} N_i(\boldsymbol{x})u_i \tag{3-152}$$

式中：ΔV_i 是节点 x_i 所对应的体积(面积)，所有节点的 ΔV_i 之和应等于求解域的体积(面积)，$N_i(\boldsymbol{x})=w_i(\boldsymbol{x})\Delta V_i$ 即为核近似的形函数。

利用核近似法构造无网格形函数时存在一些缺点：高维问题中各节点所对应的体积(面积)计算较为困难；在求解域的边界，核函数一般将会被截断，此时核近似在边界附近不再满足一致性；另外，核近似法得到的形函数不能满足克罗内克 δ 函数性质。

为了弥补核近似法所构造形函数的一些缺陷，Liu 引入所谓的窗口函数，修正了传统的核近似形式，使其满足所需要阶次的一致性，这就是重构核近似法(Reproducing Kernel Particle Method，RKPM)。式(3－150)经过修正后为

$$u(\boldsymbol{x})\approx u^h(\boldsymbol{x})=\int_{\Omega} c(\boldsymbol{x},\boldsymbol{x}_I)u(\boldsymbol{x}_I)w(\boldsymbol{x}-\boldsymbol{x}_I)\mathrm{d}v \tag{3-153}$$

式中：$c(\boldsymbol{x},\boldsymbol{x}_I)$ 为校正函数，它可以令式(3－150) 满足一致性条件。

虽然通过重构核近似法构造的形函数可以满足一致性条件，但是它同核近似法一样不能满足克罗内克 δ 函数性质。因此，这使得以 SPH(光滑粒子法) 和 RKPM(重构核近似法) 为基础的无网格法精度较低且需对边界条件进行特殊处理。

3. 单位分解近似和 hp 云团法

单位分解法使用一些以节点 x_I 为中心、半径为 h_I 的子域 Ω_I($\Omega_I=\{\boldsymbol{y}\in\mathbf{R}^n:||\boldsymbol{x}_I-\boldsymbol{y}||_{\mathbf{R}^n}<h_I\}$) 来覆盖整个求解区域，同时在每个子域上定义一个仅在该子域内非零的函数 $\phi_I(\boldsymbol{x})$，并且要求满足单位分解条件

$$\sum_{I=1}^{N}\phi_I(\boldsymbol{x})=1 \tag{3-154}$$

其中函数集$\{\phi_I(\boldsymbol{x})\}_{I=1}^{N}$称为属于开覆盖$\{\Omega_I\}_{I=1}^{N}$的单位分解。设函数$V_I(\boldsymbol{x})$为函数$u(\boldsymbol{x})$在子域内的局部近似,则函数$u(\boldsymbol{x})$在求解域内的全局近似取为

$$u^h(\boldsymbol{x})=\sum_{I=1}^{N}\phi_I(\boldsymbol{x})V_I(\boldsymbol{x}) \tag{3-155}$$

在单位分解法中,任何能够在子域中逼近函数$u(\boldsymbol{x})$的函数都可以取为局部近似函数。Duarte和Oden取k阶移动最小二乘近似形函数为单位分解函数,并将局部近似函数取为

$$V_I(\boldsymbol{x})=u_I+\sum_{j=1}^{m}q_{Ij}(\boldsymbol{x})b_{Ij} \tag{3-156}$$

则函数$u(\boldsymbol{x})$在问题域的全局近似为

$$u^h(\boldsymbol{x})=\sum_{I=1}^{N}N_I^k(\boldsymbol{x})\left[u_I+\sum_{j=1}^{m}q_{Ij}(\boldsymbol{x})b_{Ij}\right] \tag{3-157}$$

式中:$N_I^k(\boldsymbol{x})$即为形函数;$q_{Ij}(\boldsymbol{x})$是高于k阶的单项式基函数。

为了改善矩阵的条件数,可以采用勒让德多项式作为基函数。Duarte和Oden将这种近似方法称为hp云团(hp-cloud)法。

在这类方法中,一个节点所对应的未知量的个数可以多于节点的自由度数,因此容易实现P自适应分析。

4.点插值法

在点插值法中,函数$u(\boldsymbol{x})$在计算点$\boldsymbol{x}$处的点插值近似式为

$$u^h(\boldsymbol{x})=\sum_{i=1}^{m}B_i(\boldsymbol{x})a_i=[B_1(\boldsymbol{x})\quad B_2(\boldsymbol{x})\quad \cdots \quad B_m(\boldsymbol{x})]\boldsymbol{a} \tag{3-158}$$

类似于移动最小二乘法,式中$\boldsymbol{B}$为插值基函数,但是$\boldsymbol{a}$的意义不同,此处的$\boldsymbol{a}$为插值常数,只要用于插值的节点确定后,$\boldsymbol{a}$值就不随计算点的移动而变化。根据所使用的基函数的不同,点插值法又可以分为多项式点插值法及径向点插值法。

利用多项式点插值法构造形函数的求解过程与移动最小二乘法十分相似,只不过计算点$\boldsymbol{x}$的定义域内所包含的节点数和基函数的个数相同,这样,在求解式(3-137)时就可以使方程数等于未知数的个数,因而可以直接求解,而不必像移动最小二乘法那样使用加权最小二乘法求解。

在径向点插值法中,函数$u(\boldsymbol{x})$可以表示为

$$u(\boldsymbol{x})=\sum_{i=1}^{n}R_i(\boldsymbol{x})a_i+\sum_{j=1}^{m}p_j(\boldsymbol{x})b_j=\boldsymbol{R}^{\mathrm{T}}(\boldsymbol{x})\boldsymbol{a}+\boldsymbol{p}^{\mathrm{T}}(\boldsymbol{x})\boldsymbol{b} \tag{3-159}$$

式中:$R_i(\boldsymbol{x})$为径向基函数(RBF);n为径向基函数的个数;$p_j(\boldsymbol{x})$为多项式基函数;m为多项式基函数的个数;a_i和b_j为待定常数。常用的径向基函数有复合2次函

数、薄板样条函数以及对数型径向基函数等，而多项式基函数则可以选用移动最小二乘法中的基函数。为求解式(3-159)中的a_i和b_j，需形成计算点$\boldsymbol{x}$的支持域，其中包括n个节点，这将产生n个线性方程，一个节点对应一个方程，这些方程可表示为矩阵形式，即

$$\boldsymbol{U}_{\mathrm{s}}=\boldsymbol{R}_0\boldsymbol{a}+\boldsymbol{p}_m\boldsymbol{b} \tag{3-160}$$

式中：$\boldsymbol{R}_0$为径向基函数矩阵，由支持域类型及其距离参数确定。

由于在式(3-160)中，待定常数一共有$m+n$个，所以还需使用下面m个约束条件添加m个方程：

$$\sum_{i=1}^{n}p_j(\boldsymbol{x}_i)a_i=\boldsymbol{p}_m^{\mathrm{T}}\boldsymbol{a}=0,\quad j=1,2,\cdots,m \tag{3-161}$$

联立式(3-160)及式(3-161)可得到如下矩阵方程：

$$\overline{\boldsymbol{U}_{\mathrm{s}}}=\begin{bmatrix}\boldsymbol{U}_{\mathrm{s}}\\ \boldsymbol{0}\end{bmatrix}=\begin{bmatrix}\boldsymbol{R}_0 & \boldsymbol{p}_m\\ \boldsymbol{p}_m^{\mathrm{T}} & \boldsymbol{0}\end{bmatrix}\begin{bmatrix}\boldsymbol{a}\\ \boldsymbol{b}\end{bmatrix}=\boldsymbol{G}\boldsymbol{a}_0 \tag{3-162}$$

求解式(3-162)，可得到

$$\boldsymbol{a}_0=\begin{bmatrix}\boldsymbol{a}\\ \boldsymbol{b}\end{bmatrix}\boldsymbol{G}^{-1}\,\overline{\boldsymbol{U}}_{\mathrm{s}} \tag{3-163}$$

可将式(3-159)重写为

$$u(\boldsymbol{x})=\boldsymbol{R}^{\mathrm{T}}(\boldsymbol{x})\boldsymbol{a}+\boldsymbol{p}^{\mathrm{T}}(\boldsymbol{x})\boldsymbol{b}=[\boldsymbol{R}^{\mathrm{T}}(\boldsymbol{x})\quad \boldsymbol{p}^{\mathrm{T}}(\boldsymbol{x})]\begin{bmatrix}\boldsymbol{a}\\ \boldsymbol{b}\end{bmatrix} \tag{3-164}$$

利用式(3-164)可得到

$$u(\boldsymbol{x})=[\boldsymbol{R}^{\mathrm{T}}(\boldsymbol{x})\quad \boldsymbol{p}^{\mathrm{T}}(\boldsymbol{x})]\boldsymbol{G}^{-1}\,\overline{\boldsymbol{U}}_{\mathrm{s}}=\boldsymbol{N}(\boldsymbol{x})\,\overline{\boldsymbol{U}}_{\mathrm{s}} \tag{3-165}$$

式中：$\boldsymbol{N}(\boldsymbol{x})$即为利用径向点插值法构造的形函数。

通过点插值法得到的形函数满足克罗内克δ函数性质，施加本质边界条件比较容易，而且所构造的形函数是稳定的，但是这种方法精度不高，而且计算效率较低。

3.6.2　节点生成方法

在无网格声场数值计算模型中，问题域及其边界都是通过一组散布在其上的节点加以表示或建模的，节点的分布位置及密度直接决定了计算的精度及其效率。目前常用的节点生成算法主要有3种：常规布置节点、利用网格生成算法生成节点、基于节点密度控制法生成节点。

常规布置节点是在问题域上按照模型形状常规布置适当的初始节点，然后在场变量变化比较大、需要局部提高精度的区域进行节点加密，此方法适用于较简单的模型，没有一套通用的算法，对于不同的模型有不同的布置方式。

利用网格生成算法生成节点就是利用已有的一些网格生成办法将模型网格化后，只留下节点信息。

基于节点密度控制法产生节点过程如下：

(1) 生成大量规则分布的节点作为初始节点。

(2) 对于某一初始节点，如果满足下面两个条件，则将此节点选为正式节点。

1) 判断此节点是否位于问题域内或边界上；

2) 与已有正式节点的距离小于节点的密度控制因子。

在上述 3 种方法中，常规布置节点算法实现简单，且可根据需要生成符合要求的节点，因此应用最为广泛。

3.6.3 积分方法

在声学无网格模型中，连续形式的积分运算转化为离散形式的求和运算，即采用数值积分来计算：

$$\int_{\Omega} f(x)\mathrm{d}v = \sum_{l=1}^{n} f(x_l)\omega_l \tag{3-166}$$

式中：n 为积分点的数目；x_l 为第 l 个积分点的坐标；ω_l 为相应的权系数。

背景网格积分是一种常用的无网格数值积分方法，在这种方法中需要构造求解域上的规则网格，然后在网格中布置计算点，即高斯点，如图 3－11 所示。

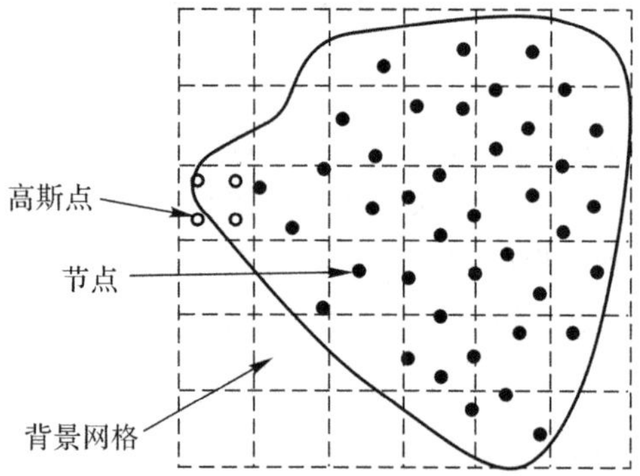

图 3－11　背景网格示意图

利用背景网格法求解积分时，应将对整个求解域的积分转化为对各规则格子的积分之和，然后在每个格子中的高斯点上进行系统矩阵构建运算。此运算要对所有背景网格及其背景网格中的高斯点进行循环计算。

背景网格用来计算积分，因此一般使用形状规则的网格，其生成与有限元网格相比要容易得多。而且在计算中，起作用的实际是背景网格中的高斯点，因此，背景网格实际起到划分求解区域的作用，可以使高斯点的分布更符合需求。

上面介绍了声学无网格模型的实现方案，按照此方案可以编制适用于任意小尺度封闭空间的三维声学无网格模型程序，其流程图如图 3 - 12 所示。

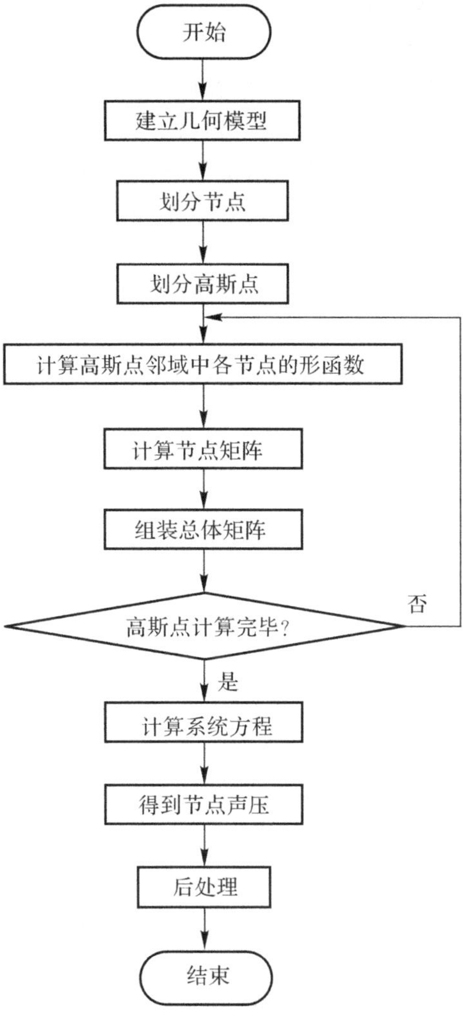

图 3 - 12　声学无网格模型流程图

3.7　有限差分室内声场仿真算法

以上介绍了有限元法、边界元法、无网格法等室内声场仿真算法，这些方法可视为频域内对稳态声场的计算。在很多情况下，我们也会关心室内声场在时域范围内的变化情况，此时需要利用时域方法进行求解，有限差分法即为一种常用方法。

20世纪60年代，Yee首次提出了电磁场区域空间离散化的方法，这种方式也被称为Yee氏网格。空间离散化之后可以将麦克斯韦方程差分化。在这种情况下能够成功地模拟电磁场脉冲在理性媒质中的响应，这种方法被称作时域有限差分(Finite - Difference Time - Domain，FDTD)。经过几十年的发展，时域有限差分方法得到了极大的丰富和发展，在声学领域也获得了广泛应用。

为了获得声波方程的数值解，需要将声波方程离散化。应用时域有限差分将声波方程离散化后需要保证离散化的结果包含原有问题的主要性质，且相对于原来的解能保证相对高的精度。建立时域有限差分的主要步骤为：首先将需要离散的变量按照一定步骤进行离散化，再用差商近似替代原方程的微商，这样可通过差商获得近似的精度。下面详细阐述时域有限差分格式。

给定函数 $y=f(x)$，在给定方向上变量 x_0 增加到 x 时，函数值相应地由 $y=f(x_0)$ 变化为 $y=f(x)$，则 x 的相应位移为

$$\Delta f=f(x)-f(x_0) \tag{3-167}$$

当 $\Delta x=x_0-x$ 足够小时，$f(x)-f(x_0)$ 称为 $f(x)$ 的一阶差分。一阶微分格式可近似为

$$\frac{\mathrm{d}f}{\mathrm{d}x}=f'(x)=\lim_{\Delta x\to 0}\frac{\Delta f}{\Delta x} \tag{3-168}$$

这样就将微分函数用差分的形式进行了表述。

常用的差分格式主要有以下三种：

$$\frac{\mathrm{d}f}{\mathrm{d}x}\approx\frac{\Delta f}{\Delta x}=\frac{f(x+\Delta x)-f(x)}{\Delta x}\text{(向前差分)} \tag{3-169}$$

$$\frac{\mathrm{d}f}{\mathrm{d}x}\approx\frac{\Delta f}{\Delta x}=\frac{f(x)-f(x-\Delta x)}{\Delta x}\text{(向后差分)} \tag{3-170}$$

$$\frac{\mathrm{d}f}{\mathrm{d}x}\approx\frac{\Delta f}{\Delta x}=\frac{f(x+\Delta x)-f(x-\Delta x)}{2\Delta x}\text{(中心差分)} \tag{3-171}$$

三种差分格式的区别在于选用差分格式不同，而由此引起的误差不同。对 $f(x+\Delta x)$，$f(x-\Delta x)$ 进行泰勒展开：

$$f(x+\Delta x)=f(x)+\Delta x\frac{\mathrm{d}f(x)}{\mathrm{d}x}+\frac{1}{2!}\Delta x^2\frac{\mathrm{d}^2f(x)}{dx^2}+\cdots \tag{3-172}$$

$$f(x-\Delta x)=f(x)-\Delta x\frac{\mathrm{d}f(x)}{\mathrm{d}x}+\frac{1}{2!}\Delta x^2\frac{\mathrm{d}^2f(x)}{\mathrm{d}x^2}+\cdots \tag{3-173}$$

将式(3-172)和式(3-173)分别代入式(3-169)～式(3-171)中可得到，向前差分和向后差分的截断误差均为 $(\Delta x)^2$，所以向前差分和向后差分都具有一阶精度。对中心差分格式进行泰勒展开后可表示为

$$\frac{f(x+\Delta x)-f(x-\Delta x)}{2\Delta x}=\frac{\mathrm{d}f(x)}{\mathrm{d}x}+\frac{2}{3!}(\Delta x)^3\frac{\mathrm{d}^3f(x)}{\mathrm{d}x^3}+\cdots \tag{3-174}$$

截断误差为$\frac{2}{3!}(\Delta x)^3\frac{\mathrm{d}^3 f(x)}{\mathrm{d}x^3}$,所以中心差分具有 2 阶精度。

有限差分就是通过对有限个位置的差分将连续的方程离散成差分的形式,尤其适用于一些没有精确数值解的连续方程。

在室内空间中,设定媒质为理想流体,即媒质不存在黏滞性,声波在这种媒质中也就不存在能量的损耗。假定在没有声扰动时,媒质在宏观上是静止的。同时,在有声扰动时,质点的振动速度远小于声波在介质中的传播速度;质点振动所产生的压强远小于媒质静态压强;质点位移远小于声波波长。此时的媒质也称为理想流体媒质。

3.7.1　一维声波方程的差分格式

在一维声场中,理想流体媒质中气体运动的牛顿力学方程为

$$\rho_0\frac{\partial u_x(x,t)}{\partial t}+\frac{\partial p(x,t)}{\partial x}=0 \tag{3-175}$$

连续性方程为

$$\frac{\partial p(x,t)}{\partial t}+\rho_0 c^2\frac{\partial u_x(x,t)}{\partial x}=0 \tag{3-176}$$

式中:ρ_0 为媒质密度;c 为声波传播速度;u_x 为质点振速。

在空间上采用图 3-13 所示的交错差分,在时间上采用中心差分格式,式(3-175) 可表示为

$$\rho_0\frac{u^{n+1}(i+1/2)-u^n(i+1/2)}{\Delta t}+\frac{p^{n+1/2}(i+1)-p^{n+1/2}(i)}{\Delta x}=0 \tag{3-177}$$

式(3-177) 应用时域有限差分,可表示为

$$\frac{p^{n+1/2}(i)-p^{n-1/2}(i)}{\Delta t}+\rho_0 c^2\frac{u^n(i+1/2)-u^n(i-1/2)}{\Delta x}=0 \tag{3-178}$$

式中:Δt 为离散时间步长;Δx 为离散空间步长;$n-1/2,n,n+1/2$ 分别表示时间步。

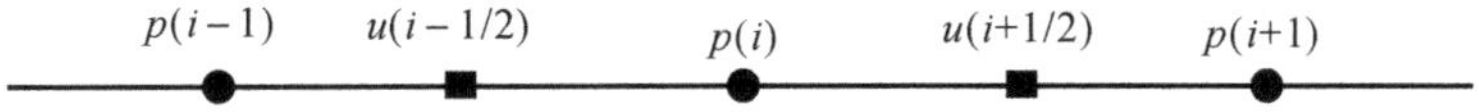

图 3-13　一维声场交错差分格式

整理式(3-178) 可得到一维声波方程的差分格式:

$$u^{n+1}(i+1/2)=u^n(i+1/2)-\frac{\Delta t}{\rho_0\Delta x}\left[p^{n+1/2}(i+1)-p^{n+1/2}(i)\right] \tag{3-179}$$

$$p^{n+1/2}(i)=p^{n-1/2}(i)-\frac{\rho_0 c^2\Delta t}{\Delta x}[u^n(i+1/2)-u^n(i-1/2)] \quad (3-180)$$

3.7.2 二维声波方程差分格式

在二维声场中，理想流体媒质中气体运动的牛顿力学方程为

$$\rho_0\frac{\partial u_x(x,y,t)}{\partial t}+\frac{\partial p(x,y,t)}{\partial x}=0 \quad (3-181)$$

$$\rho_0\frac{\partial u_y(x,y,t)}{\partial t}+\frac{\partial p(x,y,t)}{\partial y}=0 \quad (3-182)$$

式(3－181)、式(3－182)分别表示在 x 轴方向和在 y 轴方向上的动量方程。

连续性方程为

$$\frac{\partial p(x,y,t)}{\partial t}+\rho_0 c^2\left[\frac{\partial u_x(x,y,t)}{\partial x}+\frac{\partial u_y(x,y,t)}{\partial y}\right]=0 \quad (3-183)$$

式中：ρ_0 为媒质密度；c 为声波传播速度；u_x 为质点在 x 轴方向的振速；u_y 为质点在 y 轴方向的振速。

在空间上采用图 3－14 所示的交错差分，即每个声压周围有 4 个声速，每个声速又有 4 个声压包围，在时间上采用中心差分格式，式(3－181)、式(3－182)可分别表示为

$$\rho_0\frac{u^{n+1}(i+1/2,j)-u^n(i+1/2,j)}{\Delta t}+\frac{p^{n+1/2}(i+1,j)-p^{n+1/2}(i,j)}{\Delta x}=0 \quad (3-184)$$

$$\rho_0\frac{u^{n+1}(i,j+1/2)-u^n(i,j+1/2)}{\Delta t}+\frac{p^{n+1/2}(i,j+1)-p^{n+1/2}(i,j)}{\Delta y}=0 \quad (3-185)$$

并且有

$$\frac{p^{n+1/2}(i,j)-p^{n-1/2}(i,j)}{\Delta t}+\rho_0 c^2\left[\frac{u_x^n(i+1/2,j)-u_x^n(i-1/2,j)}{\Delta x}+\frac{u_y^n(i,j+1/2)-u_y^n(i,j-1/2)}{\Delta y}\right]=0 \quad (3-186)$$

式中：Δt 为离散时间步长；Δx、Δy 分别表示 x、y 轴方向上离散空间步长；$n-1/2$，n，$n+1/2$ 分别表示时间步。

整理式(3－184) ～ 式 (3－186)，可得到二维声波的差分方程

$$u_x^{n+1}(i+1/2,j)=u_x^n(i+1/2,j)-\frac{\Delta t}{\rho_0\Delta x}[p^{n+1/2}(i+1,j)-p^{n+1/2}(i,j)] \quad (3-187)$$

$$u_y^{n+1}(i,j+1/2)=u_y^n(i,j+1/2)-\frac{\Delta t}{\rho_0\Delta y}[p^{n+1/2}(i,j+1)-p^{n+1/2}(i,j)] \quad (3-188)$$

$$p^{n+1/2}(i,j)=p^{n-1/2}(i,j)-\rho_0 c^2\Delta t\left[\frac{u_x^n(i+1/2,j)-u_x^n(i-1/2,j)}{\Delta x}+\right.$$
$$\left.\frac{u_y^n(i,j+1/2)-u_x^n(i,j-1/2)}{\Delta y}\right] \tag{3-189}$$

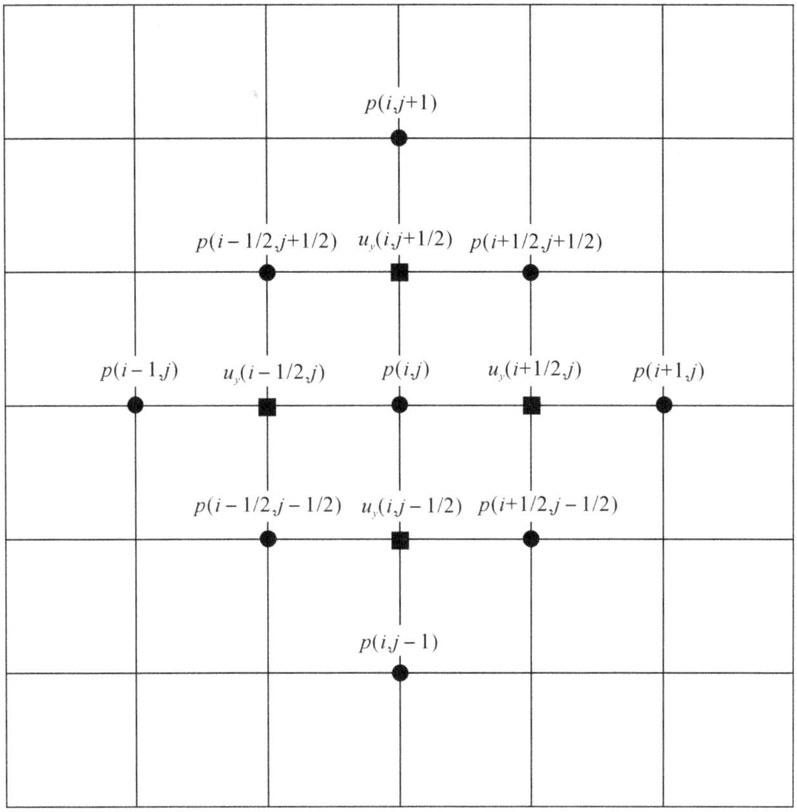

图 3 - 14　二维声场交错差分格式

3.7.3　三维声波方程的差分格式

在三维声场中，理想流体媒质中气体运动的牛顿力学方程为

$$\rho_0\frac{\partial u_x(x,y,z,t)}{\partial t}+\frac{\partial p(x,y,z,t)}{\partial x}=0 \tag{3-190}$$

$$\rho_0\frac{\partial u_y(x,y,z,t)}{\partial t}+\frac{\partial p(x,y,z,t)}{\partial y}=0 \tag{3-191}$$

$$\rho_0\frac{\partial u_z(x,y,z,t)}{\partial t}+\frac{\partial p(x,y,z,t)}{\partial z}=0 \tag{3-192}$$

式(3 - 190) ~ 式(3 - 192) 分别表示在 x、y、z 轴方向上的运动方程。

连续性方程为

$$\frac{\partial p(x,y,t)}{\partial t}+\rho_0 c^2\left[\frac{\partial u_x(x,y,t)}{\partial x}+\frac{\partial u_y(x,y,t)}{\partial y}+\frac{\partial u_z(x,y,t)}{\partial z}\right]=0 \tag{3-193}$$

式中：ρ_0 为媒质密度；c 为声波传播速度；u_x 为质点在 x 轴方向的振速；u_y 为质点在 y 轴方向的振速；u_z 为质点在 z 轴方向的振速。

在空间上采用交错差分，即每个声压周围有 6 个声速，每个声速又有 6 个声压包围，在时间上采用中心差分格式。差分过程与二维声波差分格式相同，这里不再进行三维声波方程差分过程的推导，直接给出三维声波方程的差分格式：

$$u_x^{n+1}(i+1/2,j,k)=u_x^n(i+1/2,j,k)-\frac{\Delta t}{\rho_0\Delta x}\left[p^{n+1/2}(i+1,j,k)-p^{n+1/2}(i,j,k)\right] \tag{3-194}$$

$$u_y^{n+1}(i,j+1/2,k)=u_y^n(i,j+1/2,k)-\frac{\Delta t}{\rho_0\Delta y}\left[p^{n+1/2}(i,j+1,k)-p^{n+1/2}(i,j,k)\right] \tag{3-195}$$

$$u_z^{n+1}(i,j,k+1/2)=u_z^n(i,j,k+1/2)-\frac{\Delta t}{\rho_0\Delta z}\left[p^{n+1/2}(i,j,k+1)-p^{n+1/2}(i,j,k)\right] \tag{3-196}$$

$$p^{n+1/2}(i,j,k)=p^{n-1/2}(i,j,k)-\rho_0 c^2\Delta t\left[\frac{u_x^n(i+1/2,j,k)-u_x^n(i-1/2,j,k)}{\Delta x}+\frac{u_y^n(i,j+1/2,k)-u_x^n(i,j-1/2,k)}{\Delta y}+\frac{u_z^n(i,j,k+1/2)-u_z^n(i,j,k-1/2)}{\Delta z}\right] \tag{3-197}$$

3.7.4 稳定性条件

时域有限差分实质就是用一组差分格式替代声波方程，也就是用离散的解来替代原有微分方程连续的解。为保证声波方程的解有效就要求离散后的差分方程有稳定性的解。

对声波方程离散主要是在时间和空间上进行，则时间迭代步长 Δt 和空间迭代步长间 Δx 需要满足一定的条件。

先考虑稳定性条件对于时间步长 Δt 的要求。在声场中，声波方程可表示为

$$f(x,y,z,t)=f_0\mathrm{e}^{\mathrm{j}\omega t} \tag{3-198}$$

声波方程在时间上求一阶偏导可表示为

$$\frac{\partial f}{\partial t}=\mathrm{j}\omega f \tag{3-199}$$

对式(3－199)进行时间域的中心差分：

$$\frac{f^{n+1/2}-f^{n-1/2}}{\Delta t}=\mathrm{j}\omega f^{n} \tag{3-200}$$

对式(3-200)进行求解：

$$\frac{f^{n+1/2}}{f^{n}}-\frac{f^{n-1/2}}{f^{n}}=\mathrm{j}\omega\Delta t \tag{3-201}$$

令$\frac{f^{n+1/2}}{f^{n}}=m$，则式(3-201)可变为

$$m-m^{-1}=\mathrm{j}\omega\Delta t \tag{3-202}$$

求解式(3-202)可得到

$$m=\frac{\mathrm{j}\omega\Delta t}{2}\pm\sqrt{1-\left(\frac{\omega\Delta t}{2}\right)^{2}} \tag{3-203}$$

时间的稳定性要求随着时间步数 n 的增加，并且在时间步数足够大时 Δt 足够小，以保证$|m|\leqslant 1$，则 Δt 满足的条件为

$$\Delta t\leqslant\frac{\omega}{2} \tag{3-204}$$

再考虑稳定性条件对于空间步长 Δx、Δy、Δz 的要求。三维声波方程可以表述为

$$\frac{\partial^{2}p}{\partial x^{2}}+\frac{\partial^{2}p}{\partial y^{2}}+\frac{\partial^{2}p}{\partial z^{2}}-\frac{1}{c^{2}}\frac{\partial^{2}p}{\partial t^{2}}=0 \tag{3-205}$$

三维声波方程的解可以表述为

$$p(x,y,z,t)=p_{0}\mathrm{e}^{\mathrm{j}(\omega t-k_{x}x-k_{y}y-k_{z}z)} \tag{3-206}$$

式中：ω 为频率，k_x、k_y、k_z 分别表示在 x、y、z 轴方向上的波数。其中 ω 满足

$$\omega=c\sqrt{k_{x}^{2}+k_{y}^{2}+k_{z}^{2}} \tag{3-207}$$

对式(3-205)进行中心差分计算：

$$\frac{\partial^{2}p}{\partial x^{2}}=\frac{p(x+\Delta x)-2p(x)+p(x-\Delta x)}{(\Delta x)^{2}}=\frac{\sin^{2}(k_{x}\Delta x/2)}{(\Delta x/2)^{2}}p \tag{3-208}$$

$$\frac{\partial^{2}p}{\partial y^{2}}=\frac{p(y+\Delta y)-2p(y)+p(y-\Delta y)}{(\Delta y)^{2}}=\frac{\sin^{2}(k_{y}\Delta y/2)}{(\Delta y/2)^{2}}p \tag{3-209}$$

$$\frac{\partial^{2}p}{\partial z^{2}}=\frac{p(z+\Delta z)-2p(z)+p(z-\Delta z)}{(\Delta z)^{2}}=\frac{\sin^{2}(k_{z}\Delta z/2)}{(\Delta z/2)^{2}}p \tag{3-210}$$

$$\frac{\partial^{2}p}{\partial t^{2}}=-p\frac{\omega^{2}}{c^{2}} \tag{3-211}$$

将式(3-208)～式(3-211)代入式(3-204)就完成了三维声波方程的中心差分，整理可得

$$\left(\frac{c\Delta t}{2}\right)^{2}\left[\frac{\sin^{2}(k_{x}\Delta x/2)}{(\Delta x/2)^{2}}+\frac{\sin^{2}(k_{y}\Delta y/2)}{(\Delta y/2)^{2}}+\frac{\sin^{2}(k_{z}\Delta z/2)}{(\Delta z/2)^{2}}\right]\leqslant 1 \tag{3-212}$$

同时，由于

$$\sin^2\left(\frac{k_x \Delta x}{2}\right) \leqslant 1 \tag{3-213}$$

由式(3－212)、式(3－213)可得到稳定性条件：

$$\left(\frac{c\Delta t}{2}\right)^2 [1/(\Delta x/2)^2 + 1/(\Delta y/2)^2 + 1/(\Delta z/2)^2] \leqslant 1 \tag{3-214}$$

考虑到传播方向的任意性，及在划分网格时采用均匀网格，则时间步长与空间步长可进一步简化。

三维均匀步长情况下，稳定性条件为

$$c\Delta t/\Delta h \leqslant 1/\sqrt{3} \tag{3-215}$$

二维均匀步长条件下，稳定性条件为

$$c\Delta t/\Delta h \leqslant 1/\sqrt{2} \tag{3-216}$$

同时给出一维情况下稳定性条件为

$$c\Delta t/\Delta h \leqslant 1 \tag{3-217}$$

第4章　室内声学散射体仿真算法

随着社会的进步以及人们生活品质的提高,室内环境中的声品质受到了越来越多的关注,相关研究不仅在音乐厅、歌剧院等典型声学建筑中得到持续开展,在教室、办公室等常见建筑,以及大型飞机、舰艇等舱室声学领域的应用也开始受到重视。在室内声场里所存在的各种声学现象中,扩散是一种与声品质关系紧密的现象。1962年,贝拉尼克提出了响度、混响感、亲切感、温暖感和环绕感五个音质因素,并提出了相应的客观音质参数,其中几乎每项参数都与声场扩散程度密切相关。在1996年贝拉尼克对音质评价指标的补充中,与扩散相关的音质指标同样占据大多数。因此,为了增加室内声场的扩散程度,从而提高室内环境的声品质,各种形式的声扩散体在室内声环境中得到了大量应用。

周期结构(Periodic Structure)是一种十分常见的室内界面声散射结构,它是指材料的几何形状在空间上按照周期规则排列的结构。由于具有设计简单、美观实用等优点,这种结构多被建筑设计人员用于音乐厅、录音室、剧院等对声场扩散要求较高的场所。但是,目前设计人员对周期结构的应用大多数处于定性认识的阶段,即主观认为其对声场扩散具有良好的作用,而鲜有对其系统而定量的研究,因此也就谈不上根据需要设计合适的周期结构。而且,周期结构具有不同于一般声散射结构的独特性质。它既可能提高室内音质水平,如增加扩散、抑制回声等,也有可能导致产生一些不利于提高音质的因素,如声染色效应(Coloration Effect)。这是指由于室内频率响应的变化,使原始声音被赋予外加的音色特点,会引起声音信号的失真,产生主观听感上的厌恶情绪,严重影响听音效果。某些情况下房间内部周期结构的存在加剧了这种现象,因为周期结构具有强烈的散射指向性。周期结构具有很强的结构分布规律性,使得对其声散射特性展开定量的研究成为可能。这种研究不但对正确估计其散射能力作用重大,还对各类周期结构设计及室内音质设计有良好的指导意义,而且,对该种结构在其他更宽领域如空间滤波、噪声控制等中的应用也有重要的参考价值。

当前国际上对界面声散射特性的评价主要有两大体系:一是美国声频工程学会(AES)在2001年所公布的标准信息文件AES-4id-2001——界面散射均匀性的评价与测量。其中定义了扩散系数(Diffusion Coefficient),对反射声能在空间分布的均匀性进行评价。二是国际标准化组织(ISO)所提出的散射系数(Scattering Coefficient),对散射声能与总反射声能之间的比例进行评价。ISO的标准以2000年Vorländer及Mommertz共同提出的散射系数为基础,其定义为入射声能经过散射体的反射后，非镜面反射声能与全部反射声能的比值，它是一种可以表示散射结构的整体散射能力的统计参数。从其定义也可知，散射系数是不包含任何散射方向信息的。根据两种参数意义的不同，国内莫方朔、盛胜我等建议“Scattering Coefficient”应被翻译为散射系数以区别“Diffusion Coefficient” 表示的扩散系数。

散射系数与扩散系数概念不同，“散射”指的是声波在界面入射点向镜面反射方向以外的其他方向传播的现象，而“扩散”一词在声学领域通常是与均匀性相关的，如扩散声场，对反射声能在空间分布的均匀性评价来说，是针对所有的反射声能进行评价，其中并未将镜面反射声排除。散射系数与扩散系数的取值范围都是0～1，但是意义不同，散射系数的取值反映了非镜面反射声能与全部反射声能的比例关系，而扩散系数的取值则表示反射声能分布的均匀性，如 0 表示声能只向一个方向反射（并不一定是镜面反射方向），1 表示声能在反射空间的各个方向上都是相等的，因此其物理意义并不明确。

图 4 - 1 描述了界面反射模型中散射声能与其他声能的关系。

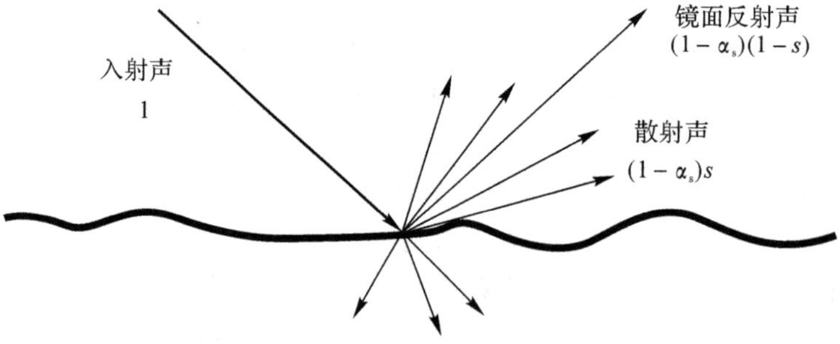

图 4 - 1　入射声波的反射部分及吸收部分

假设入射波能量为 1，当其与室内壁面接触后，会被壁面材料吸收一部分能量；假设吸声系数为 α_s，此时所有的反射波的能量为 $1-\alpha_s$；假设散射系数为 s，那么散射声波以及镜面反射声的能量可以分别表示为 $(1-\alpha_s)s$ 及 $(1-\alpha_s)(1-s)$。在这里，引入无规入射镜面吸声系数，它表示在没有散射的情况下，壁面的吸声系数等于 1 减去镜面反射的声能与总能量的比值，即

$$1-\alpha_{spec}=(1-\alpha_s)(1-s) \tag{4-1}$$

经过整理，式(4 - 1) 可表示为

$$s=\frac{\alpha_{spec}-\alpha_s}{1-\alpha_s} \tag{4-2}$$

数值计算方法是获得周期结构散射系数的一种重要手段。为保证计算精度，既要有先进的数值计算工具为基础，又要有良好的散射系数计算方法为支撑。本章将介绍两种散射系数计算模型，分别为边界无网格模型（Boundary Meshless

Model,BMM)以及无网格平面波分解模型(Meshless Plane Wave Decomposition Model,MPWDM)。两种模型适用于不同的计算情况,涵盖了有限尺寸、无限尺寸周期结构的计算。

4.1　边界无网格模型

4.1.1　基于亥姆霍兹积分法的散射系数计算理论

在 BMM 中,周期结构散射系数的计算场景须设定于自由场中。假设在散射体的远场范围内存在任意一点声源,该点声源相对于周期结构的中心的俯仰角与方位角分别为 θ 和 φ,为了计算周期结构相对于该声源的散射系数,在周期结构远场范围内设置一半球面,按照下式在半球面上面布置一系列接收点,数量为 n,如图 4－2 所示:

$$\left.\begin{aligned}(x_p,y_p,z_p)&=(0,0,r)\\(x,y,z)&=(r\sin\theta'_m\cos\varphi'_k,r\sin\theta'_m\sin\varphi'_k,r\cos\theta'_m)\\\theta'_m&=\frac{90^\circ}{\Delta\theta'}\cdot m,\quad m=1,2,\cdots,\frac{90^\circ}{\Delta\theta'}\\\varphi'_k&=\frac{360^\circ}{\Delta\varphi'}\cdot k,\quad k=1,2,\cdots,\frac{360^\circ}{\Delta\varphi'}\end{aligned}\right\}\qquad(4-3)$$

式中:x_p,y_p,z_p 为中轴线上的接收点;r 为接收点距离周期结构中心的距离;$\Delta\theta'$,$\Delta\varphi'$ 为俯仰角及方位角变化步长。

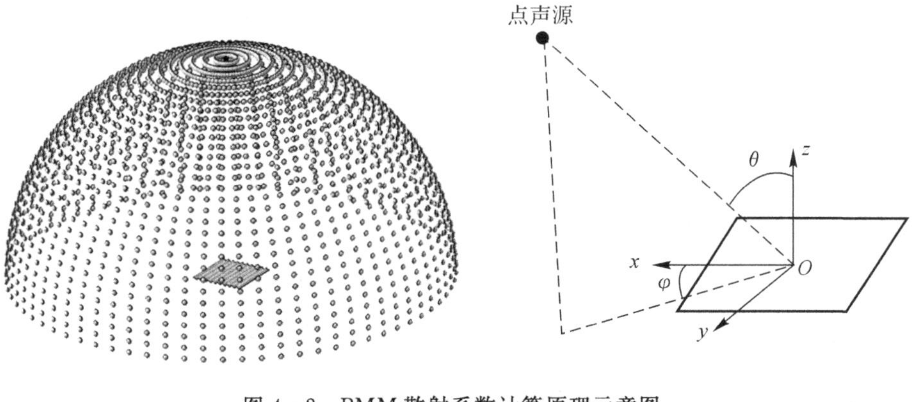

图 4－2　BMM 散射系数计算原理示意图

按照亥姆霍兹积分法可以构建此场景下的系统方程,进而求得每个接收点的声压。假设已求得接收点的声压 p_1。该接收点声压实际上由两部分组成,一部分为周期结构散射的声压 p_s,另一部分应为其镜面反射的声压,但由于镜面反射声压无法直接通过周期结构求得，因此引入一纯平参考板，其总体尺寸与周期结构相同。在相同的声源、接收点设置条件下，可求得参考板的接收点声压 p_0，有

$$p_1 = p_s + r_{spec} p_0 \tag{4-4}$$

式中：r_{spec} 为周期结构的镜面反射参数。

根据式(4-4)，散射系数可表示为

$$\delta(\theta,\varphi) = \frac{\sum_{i=1}^{n} |p_{1i}|^2 - \sum_{i=1}^{n} |r_{spec} p_{0i}|^2}{\sum_{i=1}^{n} |p_{1i}|^2} \tag{4-5}$$

由此可知，求解散射系数的关键就是周期结构的镜面反射参数的获取。为了求得 r_{spec}，对式(4-4)点乘 p_0 的复共轭 p_0^*，并对所有接收点求和，可得

$$\sum_{i=1}^{n} p_{1i} \cdot p_{0i}^* = \sum_{i=1}^{n} p_{si} \cdot p_{0i}^* + r_{spec} \sum_{i=1}^{n} |p_{0i}|^2 \tag{4-6}$$

由于式中各量的幅值水平相当，因此根据向量点乘原理，当 n 足够大时，有 $r_{spec} \sum_{i=1}^{n} |p_{0i}|^2 \gg \sum_{i=1}^{n} p_{si} \cdot p_{0i}^*$，$r_{spec}$ 也可根据式(4-6)求得，即

$$r_{spec} \approx \frac{\sum_{i=1}^{n} p_{1i} \cdot p_{0i}^*}{\sum_{i=1}^{n} |p_{0i}|^2} \tag{4-7}$$

将式(4-7)代入式(4-2)并整理即可得到方向散射系数(Directional Scattering Coefficient)

$$s(\theta,\varphi) = 1 - \frac{\left|\sum_{i=1}^{n} p_{1i} \cdot p_{0i}{}^*\right|^2}{\sum_{i=1}^{n} |p_{1i}|^2 \cdot \sum_{i=1}^{n} |p_{0i}|^2} \tag{4-8}$$

如果同时假设在散射体及参考板的远场范围内有一个与图4-2所示的接收点半球面类似的半球面，按式(4-1)布置若干声源，那么只要求得所有这些声源的方向散射系数，就可以根据帕里斯公式求得无规入射散射系数：

$$s_r = \frac{1}{\pi} \int_0^{2\pi} d\theta \int_0^{\pi/2} s(\theta,\varphi) \sin\varphi \cos\varphi d\varphi \tag{4-9}$$

因此，散射体及参考板接收点声压的计算是计算散射系数的关键。

4.1.2 周期结构辐射声场系统方程的建立

假设一声源在单位时间内向单位体积的空间提供了 $\rho_0 q$(q 为声源的体积速度)的媒质质量，则此时声场的有源波动方程为

$$\nabla^2 p - \frac{1}{c_0^2} \frac{\partial^2 p}{\partial t^2} = -\rho_0 \frac{\partial q}{\partial t} \tag{4-10}$$

声源做简谐振动时，空间内任一点的声源与声压函数可写为

$$\left.\begin{array}{l} q = q_{\omega} \mathrm{e}^{\mathrm{j}\omega t} \\ p = p_{\omega} \mathrm{e}^{\mathrm{j}\omega t} \end{array}\right\} \tag{4-11}$$

式中：q_{ω} 和 p_{ω} 分别为频域内的声源体积速度及声压。

将式(4－11)代入(4－10)并进行整理，可得有源亥姆霍兹方程：

$$\nabla^2 p_{\omega} + k^2 p_{\omega} = -\mathrm{j}\rho_0 \omega q_{\omega} \tag{4-12}$$

式中：$k = \omega / c$，为波数。

在三维问题中，亥姆霍兹方程存在基本解 $G(P,Q) = \mathrm{e}^{-\mathrm{j}kr}/4\pi r$，其中 P、Q 为声场中的任意两点，r 表示两点之间的距离。它表示当声场中某点存在单位强度的“源”时，对另外一点所产生的影响，其满足以下方程：

$$\nabla^2 G(P,Q) + k^2 G(P,Q) + \delta(P,Q) = 0 \tag{4-13}$$

式中：$\delta(P,Q)$ 为狄拉克 δ 函数，当 P 与 Q 重合时，δ 为无限大，否则为 0。

根据格林第二公式：

$$\int_{\Omega} (v \nabla^2 u - u \nabla^2 v) \mathrm{d}\Omega = \int_{\Gamma} \left(v \frac{\partial u}{\partial n_f} - u \frac{\partial v}{\partial n_f} \right) \mathrm{d}\Gamma \tag{4-14}$$

式中：$\frac{\partial}{\partial n_f}$ 表示边界表面上 f 点处的外法向导数。联立式(4－12)～式(4－14)可得

$$\int_{\Omega} \delta(P,Q) p_{\omega}(Q) \mathrm{d}\Omega = \int_{\Gamma} G(P,Q) \frac{\partial p_{\omega}(Q)}{\partial n_Q} \mathrm{d}\Gamma - \int_{\Gamma} p_{\omega}(Q) \frac{\partial G(P,Q)}{\partial n_Q} \mathrm{d}\Gamma + \int_{\Omega} \mathrm{j}\rho\omega q_{\omega} G(P,Q) \mathrm{d}\Omega \tag{4-15}$$

结合狄拉克 δ 函数的一个重要性质：

$$\int_{\Omega} \delta(P,Q) p_{\omega}(Q) \mathrm{d}\Omega = \begin{cases} p_{\omega}(P), & Q \in \Omega \\ 0, & Q \notin \Omega \end{cases} \tag{4-16}$$

并且假设声源是位于 $r_0(x_0, y_0, z_0)$ 处的一个点声源，那么式(4－15)可写为

$$c(P) p_{\omega}(P) = \int_{\Gamma} G(P,Q) \frac{\partial p_{\omega}(Q)}{\partial n_Q} \mathrm{d}\Gamma - \int_{\Gamma} p_{\omega}(Q) \frac{\partial G(P,Q)}{\partial n_Q} \mathrm{d}\Gamma + \mathrm{j}\rho\omega q_{\omega}(r_0) G(P, r_0) \tag{4-17}$$

式中：$c(P) = \begin{cases} 1, & P \in \Omega, P \notin \Gamma \\ \alpha/4\pi, & P \in \Gamma \\ 0, & P \notin \Omega \end{cases}$，$\alpha$ 为点 P 处表面的立体角。

假设周期结构的表面是刚性表面，因此与之相关的边界条件即为 $\partial p/\partial n = 0$，那么式(4－17)等号右边第一项即为 0。

由于采用边界积分形式的数学推导，式(4－17)在某些频率处无法求得唯一解，这些相应的频率被称为“伪频率”。为了克服非唯一解所带来的问题，可以根据伯顿-米勒法对式(4－17)求一次偏导，并应用边界条件 $\partial p/\partial n = 0$，得到

$$0=-\int_{\Gamma}p_{\omega}(Q)\frac{\partial G(P,Q)}{\partial n_Q\partial n_P}\mathrm{d}\Gamma+\mathrm{j}\rho\omega q_{\omega}(r_0)\frac{\partial G(P,r_0)}{\partial n_P} \tag{4-18}$$

在现有的边界元法(BEM)中,接收点声压的均是通过以此式为基础推导的系统方程计算得来的,事实上,此式同样面临在某些频率处解非唯一的问题。解决积分方程非唯一解的办法是对式(4-17)、式(4-18)进行线性组合:

$$c(P)p_{\omega}(P)=-\int_{\Gamma}p_{\omega}(Q)\frac{\partial G(P,Q)}{\partial n_Q}\mathrm{d}\Gamma-\beta\int_{\Gamma}p_{\omega}(Q)\frac{\partial G(P,Q)}{\partial n_Q\partial n_P}\mathrm{d}\Gamma+$$

$$\mathrm{j}\rho\omega q_{\omega}(r_0)G(P,r_0)+\beta\mathrm{j}\rho\omega q_{\omega}(r_0)\frac{\partial G(P,r_0)}{\partial n_P} \tag{4-19}$$

式中:β 为非零耦合常数,一般要求虚部非零。在此处,本模型中并没有像传统方法那样将周期结构视为一种薄板,因为根据那样的假设,周期结构表面上的声压是由薄板两侧的声压差或声压和来表示的,从而会使式(4-19)得到一种不可解的系统方程,因此本模型中假设周期结构的另外一侧是无限延伸的,从而将问题域限制在周期结构表面上以及其外域声场空间中,避免了声压差或声压和的形式。

在无网格方法中,周期结构表面上任意一点处(例如 Q)的声压可表示为

$$p(Q)=\boldsymbol{N}_Q^{\mathrm{T}}\boldsymbol{p}=\begin{bmatrix}N_{Q1} & N_{Q2} & \cdots & N_{Qn}\end{bmatrix}\begin{bmatrix}p(P_1)\\ p(P_2)\\ \vdots\\ p(P_n)\end{bmatrix} \tag{4-20}$$

式中:$P_1,P_2,\cdots,P_n$ 表示 n 个节点;$\boldsymbol{N}_Q$ 为各节点在 Q 处的形函数向量;$\boldsymbol{p}$ 为各节点处声压的向量。

此处可利用声学无网格模型中的移动最小二乘法构造形函数。假设已经将周期结构薄板模型用 $P_1,P_2,\cdots,P_n$ 这 n 个节点进行了划分,那么将式(4-20)代入式(4-19),经过化简即可得到计算节点声压的系统方程:

$$(\boldsymbol{C}+\boldsymbol{D})\cdot\boldsymbol{p}=\boldsymbol{F} \tag{4-21}$$

式中:$\boldsymbol{C}$、$\boldsymbol{D}$ 为 $n\times n$ 阶矩阵;$\boldsymbol{p}$、$\boldsymbol{F}$ 为 $n\times 1$ 阶向量。其中矩阵的各元素为

$$\boldsymbol{C}=\begin{bmatrix}c(P_1) & 0 & \cdots & 0\\ 0 & c(P_2) & \cdots & 0\\ \vdots & \vdots & & \vdots\\ 0 & 0 & \cdots & c(P_n)\end{bmatrix} \tag{4-22}$$

$$D_{ij}=\int_{\Gamma}N_{Qj}\left[\frac{\partial G(P_i,Q)}{\partial n_Q}+\beta\frac{\partial G(P_i,Q)}{\partial n_{P_i}\partial n_Q}\right]\mathrm{d}\Gamma \tag{4-23}$$

$$F_i=\mathrm{j}\rho\omega q_{\omega}(r_0)\left[G(P_i,r_0)+\beta\frac{\partial G(P_i,r_0)}{\partial n_{P_i}}\right] \tag{4-24}$$

根据式(4-21)求得周期结构薄板上所有节点处的声压 $\boldsymbol{p}$ 之后,将其代入式(4-19)的变换形式,即可求得声场中任意一点 P 的声压:

$$p_{\omega}(R)=-\boldsymbol{B}\cdot\boldsymbol{p} \tag{4-25}$$

式中：$\boldsymbol{B}=\int_{\Gamma}\boldsymbol{N}_Q\frac{\partial G(R,Q)}{\partial n_Q}\mathrm{d}\Gamma$。

需要注意的是，由于此处仅考虑周期结构反射所形成的声场，因此式(4－15)中表示直达声的最后一项被省略。

上述计算接收点声压的系统方程的推导方法与现有的 BEM 类似，但是最终的结果却大不相同。传统的 BEM 基于一个具有非唯一解的积分方程，而 BMM 则基于在所有频率上都有唯一解的积分方程，使得计算更加准确。

对于某一声源来说，当根据上述推导过程求得所有接收点的声压之后，就可以求得此声源对应入射方向的方向散射系数；若进一步求得所有声源的方向散射系数，就可以利用式(4－9)求得无规入射散射系数。

利用 BMM 计算散射系数的流程图如图 4－3 所示。

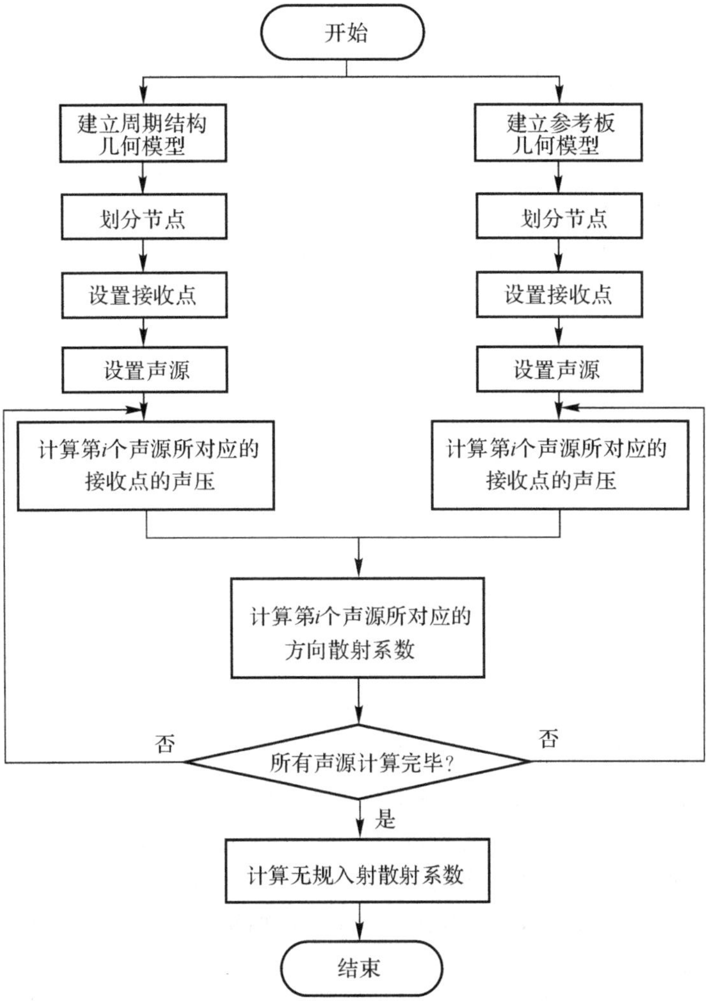

图 4－3　BMM 计算散射系数流程图

4.1.3 接收点及声源设置

利用 BMM 计算周期结构的散射系数时涉及一系列计算参数的选择，这些参数既包含无网格模型本身内部的参数，也包括外部模型参数。其中内部参数主要涉及无网格算法中参数的选择，这部分内容已在前文中进行了分析，这里不再赘述；外部参数则主要指声源、接收点的距离及数量问题。

根据现有理论，利用自由场方法计算散射系数时，声源及接收点一般应设置在远场范围内，此远场以下式的最小远场距离(Minimal Far Field Distance, MFFD)为界：

$$\mathrm{MFFD}=\frac{L^2}{2\lambda} \tag{4-26}$$

式中：L 表示周期结构整体的最大长度，当周期结构为圆形时，L 为直径，当周期结构为矩形时，L 为最大边长；λ 表示对应计算频率的波长。

式(4-26)给出了声源及接收点距离的设置准则，以此为基础，本小节以一个整体形状为方形，子结构为三角形的周期结构为算例，分析声源及接收点数量的设置问题。此三角型周期结构如图 4-4 所示，图中共有 5 个周期，周期结构的边长 $L=1$ m，子结构的长度 $l=0.2$ m，高度 $h=0.08$ m。

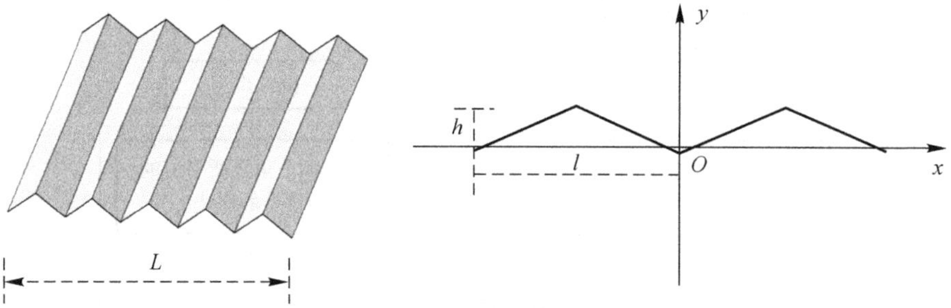

图 4-4　方形周期结构及其子结构示意图

在计算散射系数时，无规入射散射系数以方向散射系数为基础得来，因此首先研究接收点数量对方向散射系数的影响。由于接收点数量取决于俯仰角与方位角的变化步长 $\Delta\theta'$、$\Delta\varphi'$，为使接收点在半球面接近均匀分布，可令 $\Delta\theta'=\Delta\varphi'$。不同角度变化步长情况下，1 000 Hz 及 2 000 Hz 的方向散射系数如图 4-5 所示。计算过程中，声源选取了两种情况，一种是在周期结构轴线上，代表垂直入射方向，另一种是在斜入射方向上。此外，声源及接收点距离周期结构中心 100 m，此数值远大于最小远场距离。

从图 4-5 所示的比较来看，对于不同频率、不同入射方向的声源，当接收点角度间隔大于 9° 时，方向散射系数取值不稳定，且变化规律不明显，但是当接收点角度间隔小于 5° 时，方向散射收敛于某一个值，几乎不再发生变化，因此若想获得较稳定的计算结果，接收点之间的角度间隔应小于 5°，对应的接收点数量应大于 1 297。

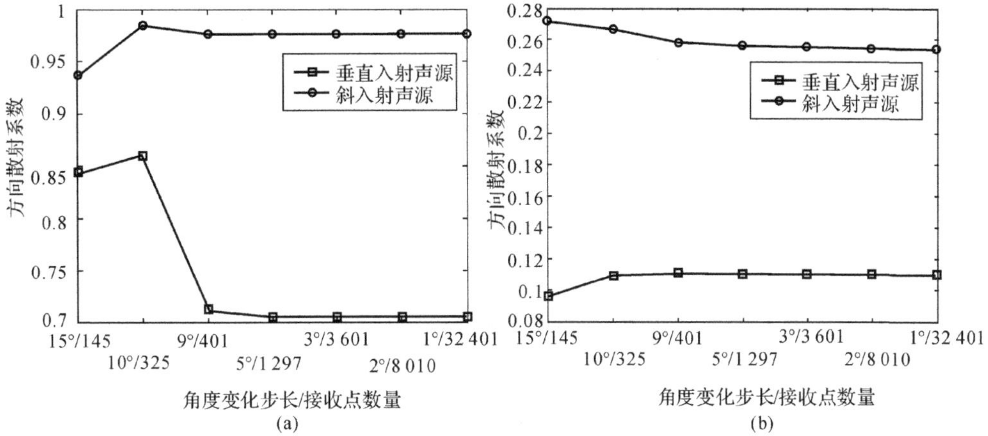

图 4-5　BMM 中不同接收点数量对方向散射系数的影响

(a)1 000 Hz 时的计算结果；　(b)2 000 Hz 时的计算结果

确定了接收点数量对方向散射系数的影响，就可以进一步研究声源数量对无规入射散射系数的影响。与接收点数量类似，这里选取了不同的声源角度变化步长以及由此导致的不同的声源数量，计算了上述三角形周期结构在 1 000 Hz、1 250 Hz、1 600 Hz、2 000 Hz 时的无规入射散射系数，计算结果如图 4-6 所示。

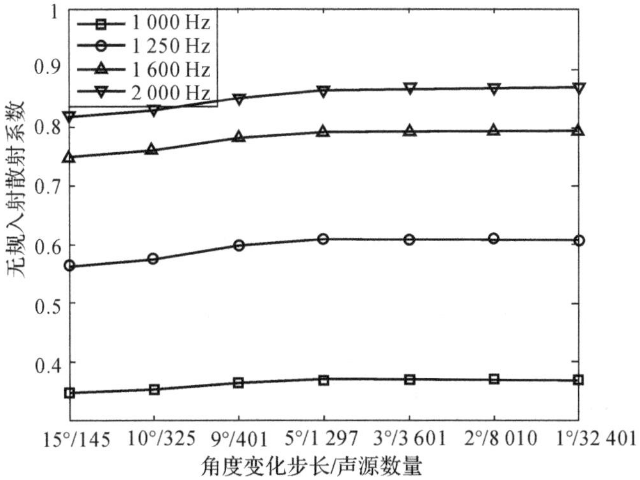

图 4-6　BMM 中角度变化步长 / 声源数量对无规入射散射系数的影响

从图4-6来看，对于不同频率，无规入射散射系数会随着声源数量的增加而增加。当声源角度间隔小于5°时，无规入射散射系数收敛于某一个值，几乎不再发生变化，因此若想获得稳定的计算结果，不同声源之间的角度变化步长应小于5°，对应的声源数量应大于1 297。

4.2 无网格平面波分解模型

4.1节中介绍了计算周期结构散射系数的边界无网格模型。这种模型适用于尺寸有限大的周期结构，当周期期数较多时，这种模型会消耗较多的计算时间，且有时候会受到结构边界的影响。针对这些问题，本节介绍无网格平面波分解数值计算模型，这种模型可以通过仅计算一个周期的声场特性来获得周期结构整体的散射系数，因此适用于无限大尺寸的周期结构。

4.2.1 基于平面波分解法的散射系数计算理论

在MPWDM中，计算域为周期结构在二维平面中的1个周期，如图4-7所示。周期结构的反射声场被一条虚拟的直线分为外域声场Ω_{out}、内域声场Ω_{in}两部分；由虚拟直线构成的边界设为Γ_1，周期结构本身的边界设为Γ_2，其中Γ_1为内域和外域共同的边界。在本模型中，用p_{out}表示外域声场的声压，用p_{in}表示内域声场的声压，用p_b表示Γ_1上点的声压。

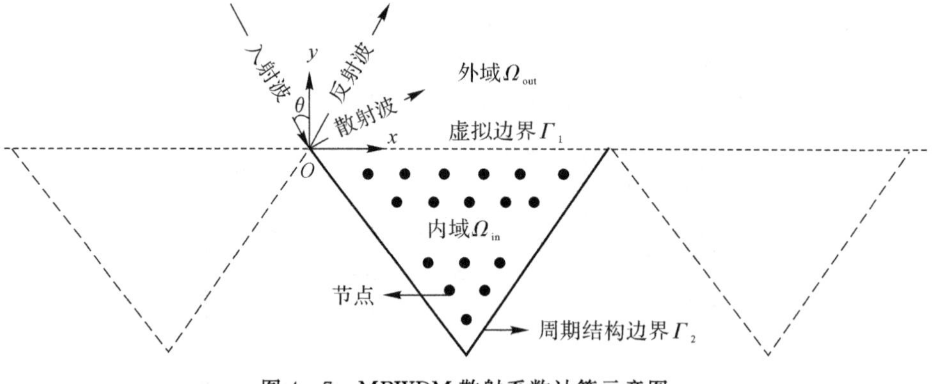

图4-7 MPWDM散射系数计算示意图

在图4-7所示的二维声场中，入射波可以表示为

$$p_{in} = e^{-j(\alpha_0 x - \beta_0 y)} \tag{4-27}$$

式中：$\alpha_0 = k\sin\theta$；$\beta_0 = k\cos\theta$；θ为入射波与y轴的夹角；k为波数。类似地，所有的反射波可以表示为

$$p_r = \sum_{m \to -\infty}^{m \to \infty} A_m \mathrm{e}^{-\mathrm{j}(\alpha_m x + \beta_m y)} \tag{4-28}$$

式中：m 为预先设定的一个值，表示所有的反射波的数目；A_m 为第 m 个反射波的幅值；$\alpha_m = \alpha_0 + 2\pi m/l$，$l$ 为一个周期结构子结构的周期长度；$\beta_m = \sqrt{k^2 - \alpha_m^2}$。从 β_m 可以看出，只有当其为实数时，对应的 m 所表示的反射波才是真正存在的，其中 $m=0$ 对应为镜面反射波。因此，对应于入射方向为 θ 的方向散射系数为

$$s(\theta) = 1 - \frac{\beta_0 \ |A_0|^2}{\sum\limits_{\beta_n = \mathrm{real}} \beta_n \ |A_n|^2} \tag{4-29}$$

上面所描述的入射波均在二维周期结构的平面内，当入射波不在此平面内时，仅需将此入射波投影在二维平面内，并改变计算频率即可：

$$s(\theta, \varphi, k) = s(\theta, 0, k\cos\varphi) \tag{4-30}$$

式中：θ 为投影线与 y 轴的夹角；φ 为入射波与其投影线之间的夹角。求得所有方向上的方向散射系数之后，即可求得无规入射散射系数。

4.2.2　外域声场分析

由式(4－27)、式(4－28) 可知，外域声场可以表示为两者之和，即

$$p_{\mathrm{out}} = \mathrm{e}^{-\mathrm{j}(\alpha_0 x - \beta_0 y)} + \sum_{m \to -\infty}^{m \to \infty} A_m \mathrm{e}^{-\mathrm{j}(\alpha_m x + \beta_m y)} \tag{4-31}$$

由于 Γ_1 为外域与内域的交界，因此外域声场与内域声场在这个边界上的声压及其梯度都相同，即

$$\left.\begin{aligned} p_{\mathrm{out}} \big|_{\Gamma_1} &= p_{\mathrm{in}} \big|_{\Gamma_1} = p_{\mathrm{b}} \\ \frac{\partial p_{\mathrm{out}}}{\partial y}\bigg|_{\Gamma_1} &= \frac{\partial p_{\mathrm{in}}}{\partial n}\bigg|_{\Gamma_1} = \frac{\partial p_{\mathrm{b}}}{\partial n} \end{aligned}\right\} \tag{4-32}$$

将式(4－31)、式(4－32) 联立可得 A_m 及 p_{b}：

$$A_m = \delta_{m0} - \frac{1}{\mathrm{j}\beta_m l} \int_0^l \frac{\partial p_{\mathrm{b}}(x)}{\partial n} \mathrm{e}^{\mathrm{j}\alpha_m x} \mathrm{d}x \tag{4-33}$$

$$p_{\mathrm{b}}(x) = 2\mathrm{e}^{-\mathrm{j}\alpha_0 x} - \sum_{m \to -\infty}^{m \to \infty} \left[\frac{\mathrm{e}^{-\mathrm{j}\alpha_m x}}{\mathrm{j}\beta_m l} \int_0^l \frac{\partial p_{\mathrm{b}}(\xi)}{\partial n} \mathrm{e}^{\mathrm{j}\alpha_m \xi} \mathrm{d}\xi \right] \tag{4-34}$$

当 $m=0$ 时，式(4－33) 中 $\delta_{m0}=1$，否则 $\delta_{m0}=0$。

假设内域已被 n 个节点划分，其中 Γ_1 上的节点数为 n_Γ，式(4－34) 可写为矩阵形式：

$$\boldsymbol{p}_{\mathrm{b}} = \boldsymbol{F} - \boldsymbol{L}\boldsymbol{U} \begin{bmatrix} \dfrac{\partial \boldsymbol{p}_{\mathrm{b}}}{\partial n} \\ \dfrac{\partial \boldsymbol{p}_{\mathrm{in\text{-}b}}}{\partial n} \end{bmatrix} \tag{4-35}$$

式中：$\boldsymbol{p}_{\mathrm{b}}$、$\boldsymbol{F}$ 为 $n_\Gamma \times 1$ 阶向量，$F_i = 2\mathrm{e}^{-\mathrm{j}\alpha_0 x_i}$；$\boldsymbol{L}$ 为 $n_\Gamma \times m$ 阶矩阵，$L_{ij} = \dfrac{\mathrm{e}^{-\mathrm{j}\alpha_j x_i}}{\mathrm{j}\beta_j l}$；$\boldsymbol{U}$ 为 $m \times n$ 阶矩阵，$U_{ij} = \int_0^l N_{\xi j} \mathrm{e}^{\mathrm{j}\alpha_i \xi} \mathrm{d}\xi$；$\dfrac{\partial \boldsymbol{p}_{\text{in-b}}}{\partial n}$ 表示在内域部分，不包含虚拟边界上的点的声压的方向向量。

4.2.3 内域声场分析

亥姆霍兹方程对于此处的内域声场同样有效，所不同的是，对于此内域声场来说，起“声源”作用的是外域声场在 Γ_1 上的边界条件。因此，内域声场的控制方程及边界条件为

$$\left.\begin{aligned} \nabla^2 p_{\text{in}} + k^2 p_{\text{in}} = 0 \\ \frac{\partial p_{\Gamma_1}}{\partial n} = \frac{\partial p_{\mathrm{b}}}{\partial n} \\ \frac{\partial p_{\Gamma_2}}{\partial n} = 0 \end{aligned}\right\} \tag{4-36}$$

运用基于伽辽金型加权残量法的系统方程推导方法，可以获得下式：

$$\int_{\Omega_{\text{in}}} p_{\text{in}} (\nabla^2 p_{\text{in}} + k^2 p_{\text{in}}) \mathrm{d}\Omega_{\text{in}} - \left[\int_{\Gamma_1} p_{\text{in}} \left(\frac{\partial p_{\Gamma_1}}{\partial n} - \frac{\partial p_{\mathrm{b}}}{\partial n} \right) \mathrm{d}\Gamma_1 + \int_{\Gamma_2} p_{\text{in}} \frac{\partial p_{\Gamma_2}}{\partial n} \mathrm{d}\Gamma_2 \right] = 0 \tag{4-37}$$

根据格林第一公式：

$$\int_{\Omega} (\varphi \nabla^2 \Phi + \nabla \varphi \nabla \Phi) \mathrm{d}\Omega = \int_{\Gamma} \varphi \frac{\partial \Phi}{\partial n} \mathrm{d}\Gamma \tag{4-38}$$

式(4－37)可以化简为

$$\int_{\Omega_{\text{in}}} [(\nabla \boldsymbol{N})^{\mathrm{T}} (\nabla \boldsymbol{N})] \mathrm{d}\Omega_{\text{in}} \cdot \boldsymbol{p}_{\text{in}} - k^2 \int_{\Omega_{\text{in}}} (\boldsymbol{N}^{\mathrm{T}} \boldsymbol{N}) \mathrm{d}\Omega_{\text{in}} \cdot \boldsymbol{p}_{\text{in}} + \int_{\Gamma_1} (\boldsymbol{N}^{\mathrm{T}} \boldsymbol{N}) \mathrm{d}\Gamma_1 \cdot \frac{\partial \boldsymbol{p}_{\text{in}}}{\partial n} = 0 \tag{4-39}$$

将此式写为矩阵形式：

$$(\boldsymbol{K} - k^2 \boldsymbol{M}) \boldsymbol{p}_{\text{in}} = \boldsymbol{C} \begin{bmatrix} \dfrac{\partial \boldsymbol{p}_{\mathrm{b}}}{\partial n} \\ \dfrac{\partial \boldsymbol{p}_{\text{in-b}}}{\partial n} \end{bmatrix} \tag{4-40}$$

式中：$\boldsymbol{K} = \int_{\Omega_{\text{in}}} (\nabla \boldsymbol{N})^{\mathrm{T}} (\nabla \boldsymbol{N}) \mathrm{d}\Omega_{\text{in}}$，一般称之为刚度矩阵；$\boldsymbol{M} = \int_{\Omega_{\text{in}}} \boldsymbol{N}^{\mathrm{T}} \boldsymbol{N} \mathrm{d}\Omega_{\text{in}}$ 为质量矩阵；$\boldsymbol{C} = \int_{\Gamma_1} \boldsymbol{N}^{\mathrm{T}} \boldsymbol{N} \mathrm{d}\Gamma_1$ 为阻尼矩阵。

式(4-36)与式(4-35)联立即可解得$\frac{\partial \boldsymbol{p}_b}{\partial n}$,将其代入式(4-33)中,就可以求得$A_n$。再根据式(4-29)、式(4-30)就可以求得方向散射系数,无规入射散射系数由此得解。

利用 MPWDM 计算散射系数的流程图如图 4-8 所示。

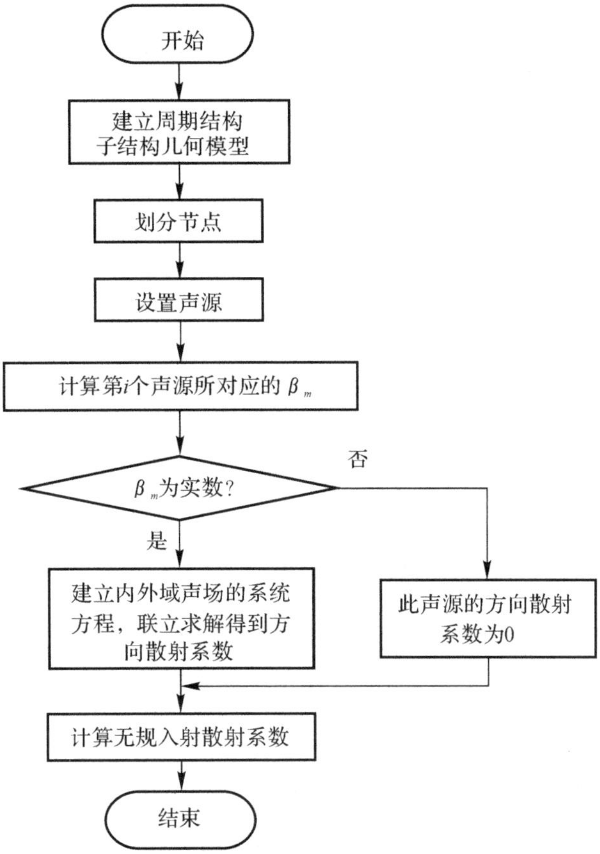

图 4-8　MPWDM 计算散射系数流程图

4.2.4　声源设置

在利用 MPWDM 计算散射系数时,涉及的参数设置较少,这种模型不需要接收点声压的计算,也不需要考虑声源距离周期结构的距离,仅有声源的数量会对无规入射散射系数产生影响。以 4.1.3 小节中的三角形周期结构为算例,本小节计算了不同频率下,不同声源时的无规入射散射系数,如图 4-9 所示。

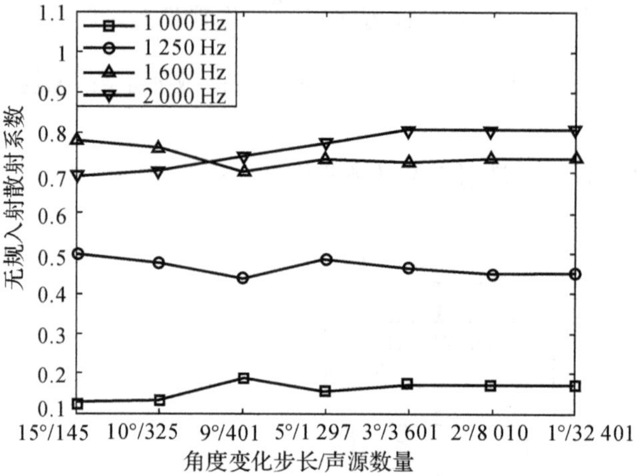

图 4-9　MPWDM 中角度变化步长/声源数量对无规入射散射系数的影响

从图 4-9 中的比较来看，对于不同频率，当声源角度变化间隔大于 5°时，无规入射散射系数取值不稳定，且变化规律不明显，但是当声源角度变化间隔小于 3°时，方向散射收敛于某一个值，几乎不再发生变化，因此若想获得较稳定的计算结果，接收点之间的角度间隔应小于 3°，此时声源数量应大于 3 601。

4.3　算例验证

为了验证前文推导的 BMM 及 MPWDM 两种散射系数计算模型的正确性，以一个正弦周期结构为样品模型，分别计算了无规入射散射系数以及方向散射系数，并与实验测量数据进行了比较。

4.3.1　无规入射散射系数验证算例

算例中周期结构子结构长度 $l=0.177$ m，$h=0.051$ m，周期数为 16，结构整体边长 $L=16l=2.832$ m；BMM 中周期结构节点划分如图 4-10 所示，x 轴与 y 轴方向上的节点划分步长相同，即 $dx=dy$，其中 $dx=l/8$。

另外，根据 4.1.3 小节中介绍分析的声源及接收点的设置，利用 BMM 计算时，相邻声源及接收点的角度间隔为 3°，声源及接收点距离周期结构中心100 m。将计算结果与测量实验结果及现有的 BEM 结果进行比较，如图 4-11 所示。

由图 4-11 可以看出，两种无网格模型的无规入射散射系数计算结果在变化趋势上与测量实验结果一致性非常好，均随频率的增加而变大，且在 1 000Hz 之后增加量明显。从具体数值来看，BMM、MPWDM 与测量实验结果相比较，在大部分频率上的差值小于 0.1，体现了良好的正确性。

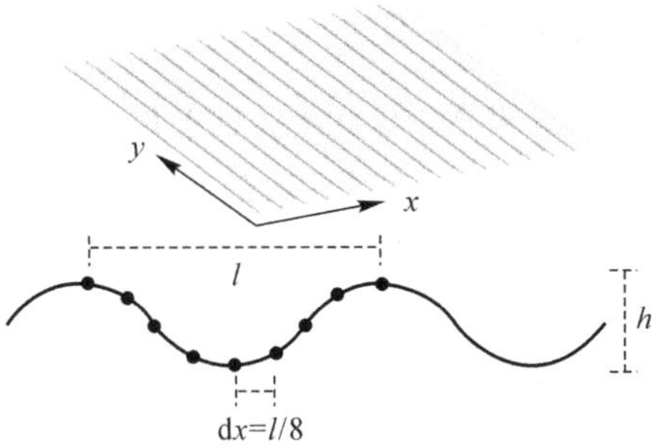

图 4 - 10　正弦周期结构整体及子结构示意图

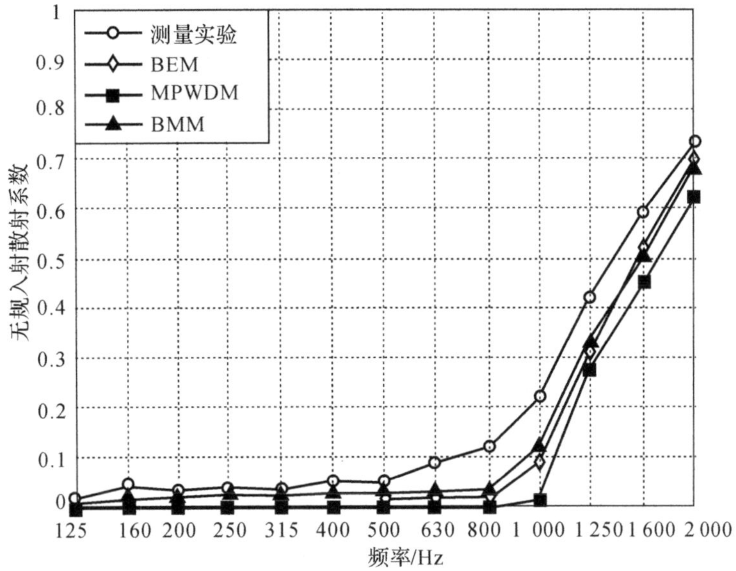

图 4 - 11　不同方法所得无规入射散射系数对比

值得注意的是，BMM 的计算结果在所有频率上始终大于 MPWDM 的计算结果，且通过 MPWDM 得到的无规入射散射系数在 1 000 Hz 范围内均为 0。从原理上分析，这是由 MPWDM 算法本身所导致的。MPWDM 是一种半解析半数值的方法，因为对于外部声场，在某一频率、某一入射方向的声波来说，首先要经过理论计算来确定入射波是否会发生散射，只有对那些会发生散射的声波才会继续进行数值计算，因此导致在 1 000 Hz 之内，MPWDM 得到的平均散射系数均为 0，这与周期结构可以发生散射的频率下限理论相一致[在本例中，频率下限 $f=c/(2l)=960$ Hz，c 为声速，l 为子结构的长度]。

4.3.2 方向散射系数验证算例

4.3.1 小节验证了 BMM 及 MPWDM 计算无规入射散射系数的正确性，为了进一步分析两种无网格模型对方向散射系数的计算正确性，本小节对一正弦周期结构的 1 000 Hz 及 2 000 Hz 的方向散射系数进行计算，并与现有的 BEM 计算结果进行对比，如图 4－12 所示。此算例中周期结构子结构长度为 $l=0.2$ m，$h=0.06$ m，周期数为 15，结构整体边长 $L=15l=3$ m；节点划分方式与 4.3.1 小节一致。

图 4－12 中，圆周方向上的角度为入射方向的方位角，径向上的角度为入射方向的俯仰角，因此圆上的每个点都代表某一特定入射方向，其颜色深浅表示散射系数的大小。总体来看，三种模型在两个频率上发生散射的范围基本相同，即所得到的方向散射系数的数值大致相同；随着频率的增加，发生散射的入射方向范围增大，这证明了两种无网格模型计算方向散射系数的正确性。

从细节方面来看，三种模型的计算结果存在一定的区别。首先，MPWDM 得到的灰度图轮廓清晰，而 BMM 及 BEM 得到的灰度图轮廓较模糊，其原因与 4.3.1小节中的分析类似，MPWDM 是一种半解析、半数值的方法，因为对于外部声场，在某一频率、某一入射方向的声波来说，首先要经过理论计算来确定入射波是否会发生散射，当不存在散射条件时，此入射方向的散射系数为 0；而 BMM、BEM 则对所有的情况均进行了数值计算，因此在作图时，会产生轮廓清晰度上的区别。BMM 与现有的 BEM 相比，区别主要体现在图 4－12 中的虚框内。显然 BMM 的结果更接近于 MPWDM 所得到的结果，说明 BMM 对方向散射系数的计算略优于传统的 BEM。

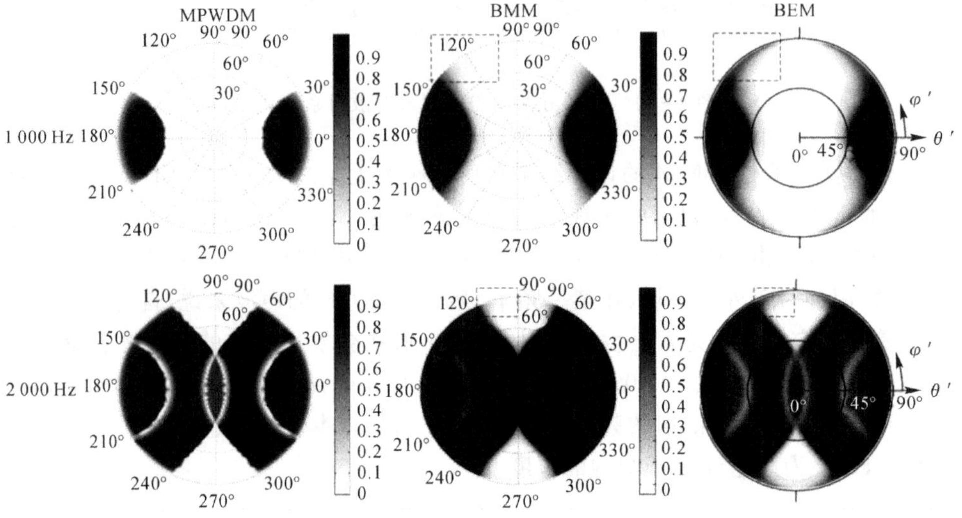

图 4－12　不同方法所得方向散射系数分布对比

4.4 BMM 与 MPWDM 的性能分析

4.1 节和 4.2 节中推导了 BMM 及 MPWDM 两种计算周期结构散射系数的无网格数值计算模型，并利用两个算例，发现其对散射系数的计算具有良好的正确性。除了正确性之外，还有另外一些评判算法模型表现的因素，例如运行效率及稳定性等问题。针对这些方面的因素，并结合 BMM 及 MPWDM 本身的特性，本节对两种无网格模型的运行表现进行分析。

4.4.1 BMM 的边缘效应

上述所推导的两种无网格散射系数计算模型适用于不同的散射系数计算问题。其中 BMM 的问题域为周期结构的表面，因此适用于具有有限尺寸的周期结构模型；而 MPWDM 的问题域为周期结构的一个子结构空间，因此利用其计算得到的散射系数代表无限大尺寸的周期结构。适用范围的不同导致 BMM 在计算散射系数时会受到周期结构模型的边缘的影响。为了研究 BMM 边缘效应的规律，本小节利用 4.3.1 小节中的正弦型周期结构（子结构长度为 $l=0.2$ m，$h=0.06$ m）为算例计算不同边界尺寸下的无规入射散射系数及方向散射系数。周期结构的边界尺寸在变化时实际上是由周期数控制的，即边界总尺寸 $L=lN$（l 为单个周期长度，N 为周期数），因此这里以周期数为变量来讨论 BMM 的边缘效应。周期结构在不同周期数，即不同边界尺寸时的无规入射散射系数如图 4－13 所示，计算频率分别为 800 Hz，1 000 Hz，1 250 Hz，1 600 Hz，2 000 Hz。

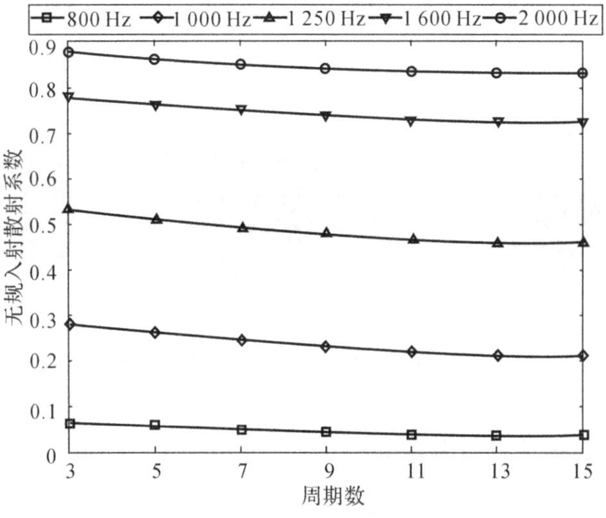

图 4－13　不同周期数时的无规入射散射系数

从图 4－13 可以看出，随着周期数的增加，BMM 计算得到的无规入射散射系数在所有频率上均有下降的趋势。另外，当周期数较小时，这种下降趋势比较明显，当周期数较大时，下降趋势变得较微弱，这说明周期结构几何模型的边缘确实会对 BMM 产生计算上的影响，且当周期结构整体尺寸较小时，影响明显一些，这是因为当周期数较小时，边缘与面积之比较大，随着周期数的增加，边缘与面积之比越来越小，影响也会越来越弱。据此推断，当周期结构模型的面积接近无限大时，其散射系数应该接近于通过 MPWDM 所得到的计算值。

为了进一步分析边缘效应对方向散射系数的影响，将 1 000 Hz、2 000 Hz 时，周期数为 5、10、15 时的方向散射系数分布在图 4－14 中进行了比较。

从图 4－14 可以看出，BMM 计算的边缘效应会对方向散射系数的分布产生明显的影响，图中所表示的方向散射系数分布虽然在不同周期数时大致相同，但是轮廓的清晰度有明显区别，随着周期数的增加，清晰度越来越高，类似于提高了分辨率，特别是散射系数数值差别较大的入射方向上。这也说明，周期结构的面积越大，所得结果越接近于 MPWDM 的结果。需要指出的是，在计算过程中，周期结构的尺寸变化的同时，周期数也在发生变化，其对散射系数的计算是否有影响需要进一步地研究。

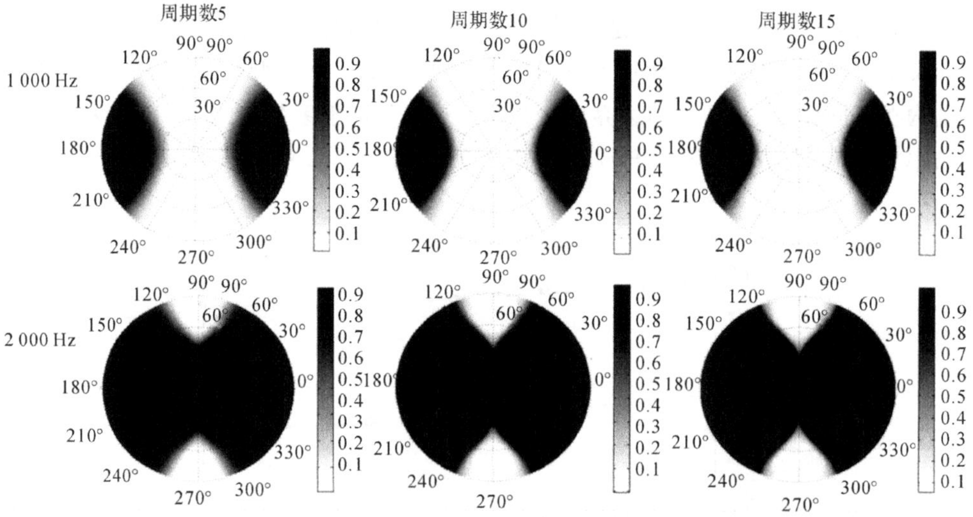

图 4－14　不同周期数时方向散射系数的分布

4.4.2　计算效率与计算稳定性

计算效率与计算稳定性是评判一个算法的两个重要指标，本小节利用 4.3.1

小节中的正弦型周期结构为算例对 BMM 及 MPWDM 的运行效率及运算稳定性进行分析。

在计算效率方面，两种模型均采用无网格算法作为内核，因此影响两种模型计算效率的因素主要是节点数目。在 BMM 中，周期结构的整体表面被离散为节点，当需要的计算频率较高或者周期结构的尺寸较大时，节点的数量会大大增加，而且矩阵的规模会呈指数型增加，因此计算效率会大大降低；而在 MPWDM 中，问题域仅在一个子结构内，节点数目远远少于 BMM 中的节点数，显而易见 MPWDM 具有比 BMM 更加明显的计算效率优势。在 4.4.1 小节中对 BMM 的边缘效应进行分析时，对具有不同周期数，即节点数的周期结构的散射系数进行了计算，也统计了其计算时间，如图 4－15 所示[计算机硬件配置为：Intel (R) Xeon (R) CPU E5－2620 @2.00GHz 6 cores (2CPU), 64.0GB RAM]。

由图 4－15 可以看出，当周期数为 3 时，节点数为 625，计算总时间共耗费约 2 min，而当周期数为 15 时，节点数为 14 641，计算时间高达近 300 min，可见计算效率随节点数的增加而急剧降低。对于同样的问题，MPWDM 由于节点数量明显减少，计算时间不超过 3 min。

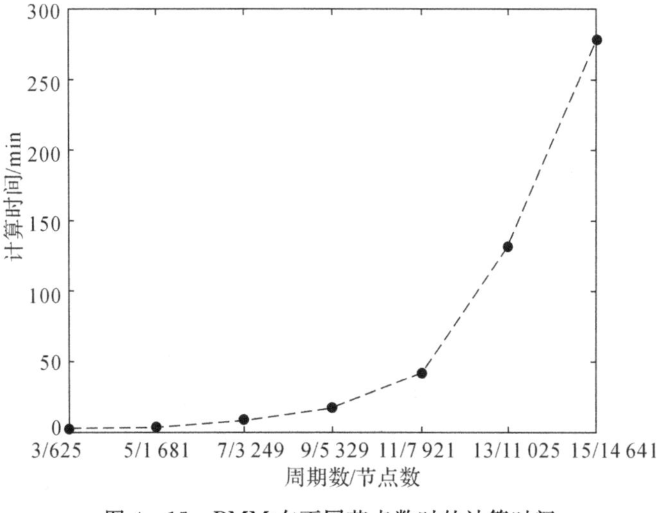

图 4－15　BMM 在不同节点数时的计算时间

在计算稳定性方面，本小节讨论了两种模型对重要参数不同选值时的表现。在散射系数计算模型中，声源及接收点参数的设置基本是一致的，主要变化之处体现在无网格算法中参数的选择。在无网格算法中，计算形函数时，所用到的节点支持域半径是一个会受几何模型影响的参数，对于较复杂的模型这个参数难以确定，因为节点分布很难做到完全平均，会产生一定的波动，适合问题的最小支持域半径不易找到。本小节分别利用 BMM、MPWDM 计算正弦周期结构在不同支持域半径 α 值下的散射系数,结果如图 4-16 所示。

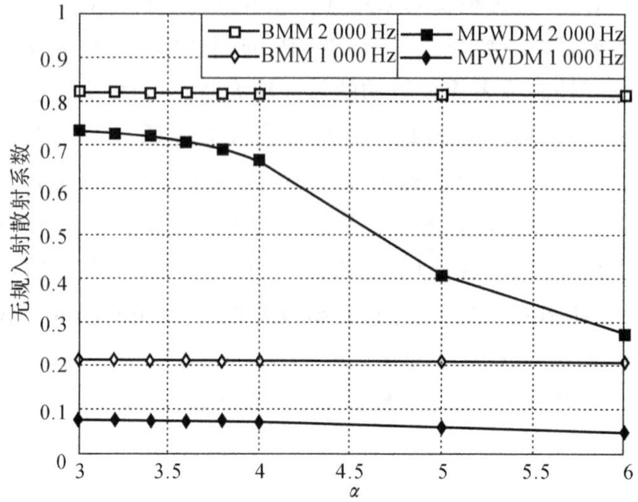

图 4-16　不同 α 值时 BMM 及 MPWDM 的无规入射散射系数

由图 4-16 可以看出,两种模型对支持域半径参数变化时的敏感性截然不同。其中 BMM 在两个频率上均体现了良好的稳定性,即使 α 变化较大,所得到的无规入射散射系数依然十分稳定。但是 MPWDM 则在不同 α 值时有明显的变化,在 1 000 Hz时,散射系数的值会有一定的降低,但是在 2 000 Hz 时某些值完全不可信。

为了更直观地表示 MPWDM 在参数变化时的运行表现,方向散射系数如图 4-17所示。从图中可以看出,在 2 000 Hz 时,方向散射系数分布在不同 α 值时有非常明显的差别,1 000 Hz 时的差别则不明显。这说明 MPWDM 在较高频率上对支持域取值要求严格,因此所需要的前处理准备要比 BMM 繁杂一些。

上面介绍了两种针对周期结构散射系数数值计算的无网格模型:BMM 及 MPWDM。其中 BMM 基于 Mommertz 所提出的散射系数计算理论,适用于尺寸有限大、周期结构散射系数的计算,而 MPWDM 将平面波分解与无网格法相结合,适用于尺寸无限大、周期结构散射系数的计算,两种模型均可对任意形状的周期结构进行计算。利用两种模型对一典型周期结构的散射系数进行了计算,与实验测量结果进行了比较,均体现出了良好的精度。由于 BMM 避免了传统 BEM 中某些频率存在非唯一解的问题,因而在入射角度较小的某些方向上的方向散射系数具有比传统方法更高的精度。另外,以无网格算法为基础的推导使得两种模型都具有比传统方法更高的上限计算频率。最后对两种模型各自的运行进行了分析，分析表明，BMM 由于节点数明显多于 MPWDM，因此消耗的计算时间要明显多一些，但是 BMM 具有良好的运算稳定性，其对参数的敏感性低一些。

从实际应用角度来说，两种模型有不同的用途。MPWDM 将周期结构的一个子结构作为问题域，因而求得的散射系数代表无限大的周期结构，但是在实际工程问题中周期结构不可能尺寸无限大，而且 MPWDM 遇到需要体现散射系数差异性问题时会受到限制，例如有两种子结构相同，但周期数不同的周期结构，MPWDM 无法获得两种结构散射系数的差异性，BMM 显然更适合此类问题。而且从本章中的无规入射散射系数的算例来看，BMM 与 MPWDM 之间差值约为 0.1，因此当需要对不同尺寸的周期结构的散射系数进行精确计算时，BMM 应该是首选的方法。但是 MPWDM 也有其良好的用途，它适合作为一种参考方法，特别是其方向散射系数的分布，可作为一种标准来与其他方法进行对比。另外，MPWDM 也可以作为设计周期结构时快速估计的方法，例如在设计一种周期结构时需要预先判断其散射系数时，MPWDM 就是一种良好的快速估计方法。

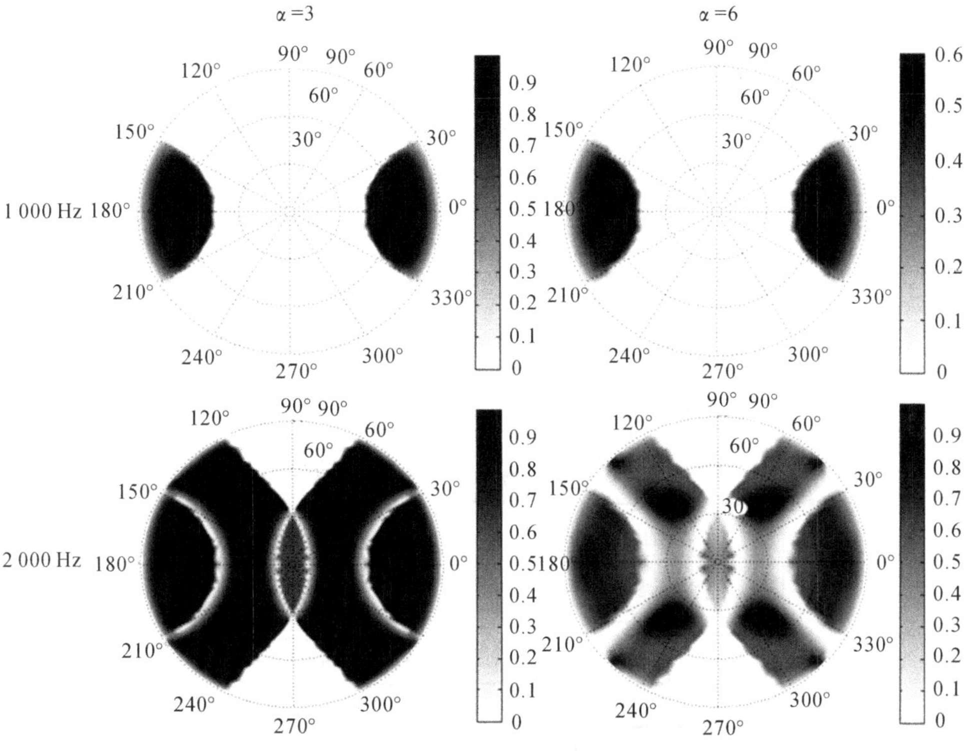

图 4－17　MPWDM 在两种 α 值时的方向散射系数计算结果

4.5 周期结构在室内音质参数模拟计算中的等效方法

在实际应用中，当室内环境存在周期结构时，要想获得准确的声场仿真，常需要在房间模型的建立阶段对周期结构进行建模。但是很多情况下，在室内声场中使用的周期结构都具有较大的尺寸，而且周期数也较多，这会造成周期结构精细建模难度的大大增加，特别是对于复杂的场所，例如音乐厅、录音室等，这种问题更加突出。而且，在一些特殊情况下使用过于精准的模型未必会提高声场模拟的精度，某些声线跟踪法的研究中发现，在仿真中使用高还原度座椅模型竟然与测量实验结果的误差相对最大，相反一些较为简单的等效结构的计算精度更高一些，这是因为对于较为复杂的几何形状来说，过于精细的模型会造成声线跟踪的不准确，从而降低模拟精度。因此，寻求周期结构在室内声场数值模拟中的等效代替方法对于提高建模、计算的效率都大有帮助。需要说明的是，由于周期结构通常存在于大型厅堂环境中用于改善音质，因此此处以声线跟踪法为基础对其在仿真中的等效处理进行介绍，此处的等效处理需以前文中利用 BMM 及 MPWDM 所获取的周期结构散射系数为基础。

周期结构在室内声场数值模拟中的基本等效思想如图 4－18 所示。一方面将周期结构的几何模型用更简单的几何形状，例如平面来代替；另一方面，利用前面所推导的散射系数计算模型(BMM 或 MPWDM)或实验测量方法获取原始周期结构的散射系数，将此散射系数代入声场模拟算法中的等效面上，从而最终求得音质参数。

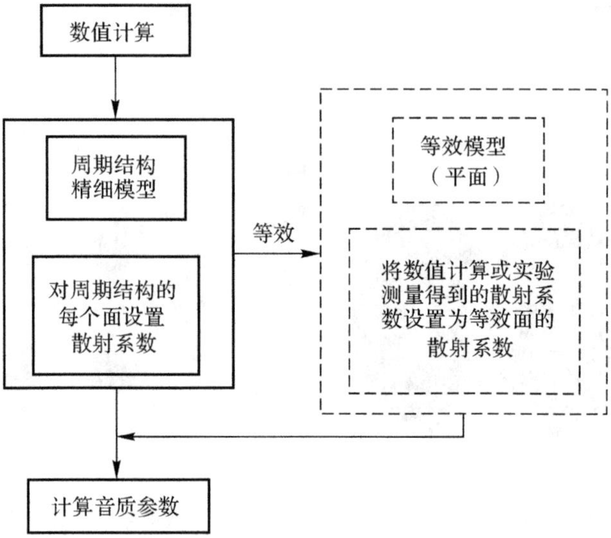

图 4－18　声场数值模拟中周期结构的等效思想

在室内声场模拟中，吸声是一个重要因素，其对模拟精度的影响相当大，只有周期结构相关的吸声因素满足一定条件时，等效才能成立。例如，当周期结构的吸声量占总体吸声量的比例很大时，将周期结构进行等效就会产生较大的误差，因此周期结构在室内声场数值模拟中的等效方法必须建立在合适的吸声因素基础之上。本节以混响时间的理论计算为手段，研究吸声因素对周期结构等效性的影响，并总结等效可以实现的相关条件。

假设一个房间体积为 V，其内部某墙壁上存在一定数量的周期结构，表面积为 S_1，吸声系数为 α_1，房间内部除周期结构之外的吸声量为 $S\alpha$，那么此时称此房间为精细模型，其理论混响时间

$$T_{\mathrm{j}} = 0.161 \times \frac{V}{S\alpha + S_1\alpha_1} \tag{4-41}$$

将上述房间内的周期结构进行等效代替，等效面的表面积为 S_2，吸声系数依然为 α_1，此时称此房间为等效模型，等效之后的理论混响时间

$$T_{\mathrm{d}} = 0.161 \times \frac{V}{S\alpha + S_2\alpha_1} \tag{4-42}$$

以精细模型的理论混响时间为标准，可以计算得到等效模型理论混响时间的相对误差：

$$\varepsilon = \frac{T_{\mathrm{d}} - T_{\mathrm{j}}}{T_{\mathrm{j}}} \times 100\% = \frac{(S_1 - S_2)\alpha_1}{S\alpha + S_2\alpha_1} \tag{4-43}$$

从式(4－43)来看，周期结构的面积、吸声系数等因素均会对等效模型的相对误差产生较大影响。以下分不同情况对影响进行讨论：

(1) 当 $S_1 \approx S_2$ 时，周期结构的表面积与等效面的表面积接近，此时 $S_1 - S_2$ 接近于 0，因此相对误差也会较低，等效效果较好；

(2) 当 S_1、S_2 相差较大时，说明周期结构的表面积会明显大于等效面的表面积，此时只有周期结构的吸声系数 α_1 非常小，才能保证等效效果较好。

综上所述，当对一个房间的周期结构进行等效计算时，首先应大致分析此房间模型是否满足上述两项关于吸声因素的条件，当房间模型与上述条件相差较大时，对周期结构进行等效会产生较大的误差。

为分析周期结构等效方法的精度，本节以图 4－19 所示的房间模型为算例研究周期结构在室内声场数值模拟中的等效方法，其尺寸为 3 m×4 m×5 m，房间内部的两个壁面上存在矩形的周期结构，周期结构凸面的长度 l_1＝0.04 m，凸面高度 h＝0.04 m，子结构周期 l＝0.2 m。房间壁面及周期结构的假设吸声系数见表 4－1，这里设置的吸声系数比较小，符合吸声因素的基本条件。

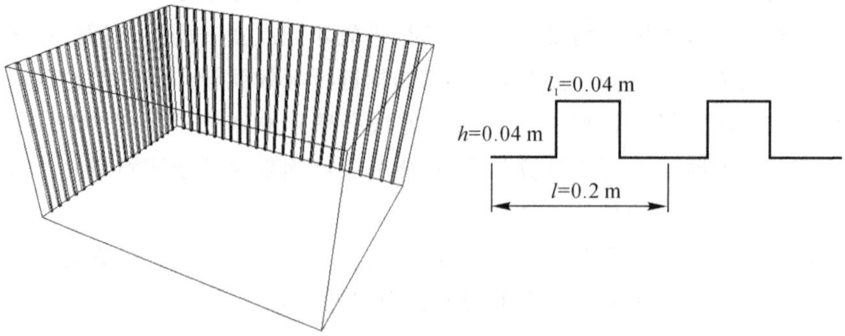

图 4-19　精细房间模型及周期结构尺寸示意图

表 4-1　房间壁面及周期结构的假设吸声系数

频率/Hz	63	125	250	500	1 000	2 000	4 000
吸声系数	0.05	0.06	0.07	0.08	0.09	0.10	0.11

需要注意的是，周期结构起散射作用的是其整体，在理想状况下，周期结构的每个构成面应该是平滑的，声波在这些面上不会发生散射作用，但实际中即使看上去光滑的一个平面也会由于微观上的不平整而对声线产生一定的散射作用，这也是基于几何声学的声场数值模拟方法加入散射因素后精度更高的原因。此处的精细模型实际上已经包括了周期结构的几何形状，而且这里的主要目的是研究周期结构的等效方法，因此对精细模型进行计算时，每个面的散射系数设置为 0（即所有反射均为镜面反射）。经过计算，得到的精细模型的音质参数见表 4-2。

表 4-2　精细模型的音质参数

频率/Hz	63	125	250	500	1 000	2 000	4 000
EDT/s	1.99	1.62	1.35	1.15	0.99	0.87	0.77
D_{50}	0.37	0.38	0.41	0.43	0.45	0.49	0.61

在计算得到精细模型的音质参数之后，建立了精细模型的等效模型，如图 4-20 所示。在等效模型中，两个壁面上的周期结构被等效为平面，其他壁面则保持不变，其尺寸与精细模型的整体尺寸相同，为 3 m×4 m×5 m。

在利用复杂场景中的多重声反射跟踪算法对此等效模型进行计算时，需要将等效面的散射系数设置为原始周期结构的散射系数，此处用前面推导的 BMM 数值计算模型对周期结构的散射系数进行计算，结果见表 4-3。将等效面的散射系数设置为原始周期结构的散射系数之后，即可对音质参数进行计算，结果见表4-4。

在室内声场模拟中，吸声是一个重要因素，其对模拟精度的影响相当大，只有周期结构相关的吸声因素满足一定条件时，等效才能成立。例如，当周期结构的吸声量占总体吸声量的比例很大时，将周期结构进行等效就会产生较大的误差，因此周期结构在室内声场数值模拟中的等效方法必须建立在合适的吸声因素基础之上。本节以混响时间的理论计算为手段，研究吸声因素对周期结构等效性的影响，并总结等效可以实现的相关条件。

假设一个房间体积为 V，其内部某墙壁上存在一定数量的周期结构，表面积为 S_1，吸声系数为 α_1，房间内部除周期结构之外的吸声量为 $S\alpha$，那么此时称此房间为精细模型，其理论混响时间

$$T_{\mathrm{j}}=0.161\times\frac{V}{S\alpha+S_1\alpha_1} \tag{4-41}$$

将上述房间内的周期结构进行等效代替，等效面的表面积为 S_2，吸声系数依然为 α_1，此时称此房间为等效模型，等效之后的理论混响时间

$$T_{\mathrm{d}}=0.161\times\frac{V}{S\alpha+S_2\alpha_1} \tag{4-42}$$

以精细模型的理论混响时间为标准，可以计算得到等效模型理论混响时间的相对误差：

$$\varepsilon=\frac{T_{\mathrm{d}}-T_{\mathrm{j}}}{T_{\mathrm{j}}}\times100\%=\frac{(S_1-S_2)\alpha_1}{S\alpha+S_2\alpha_1} \tag{4-43}$$

从式(4-43)来看，周期结构的面积、吸声系数等因素均会对等效模型的相对误差产生较大影响。以下分不同情况对影响进行讨论：

(1) 当 $S_1\approx S_2$ 时，周期结构的表面积与等效面的表面积接近，此时 S_1-S_2 接近于 0，因此相对误差也会较低，等效效果较好；

(2) 当 S_1、S_2 相差较大时，说明周期结构的表面积会明显大于等效面的表面积，此时只有周期结构的吸声系数 α_1 非常小，才能保证等效效果较好。

综上所述，当对一个房间的周期结构进行等效计算时，首先应大致分析此房间模型是否满足上述两项关于吸声因素的条件，当房间模型与上述条件相差较大时，对周期结构进行等效会产生较大的误差。

为分析周期结构等效方法的精度，本节以图 4-19 所示的房间模型为算例研究周期结构在室内声场数值模拟中的等效方法，其尺寸为 3 m×4 m×5 m，房间内部的两个壁面上存在矩形的周期结构，周期结构凸面的长度 $l_1=0.04$ m，凸面高度 $h=0.04$ m，子结构周期 $l=0.2$ m。房间壁面及周期结构的假设吸声系数见表 4-1，这里设置的吸声系数比较小，符合吸声因素的基本条件。

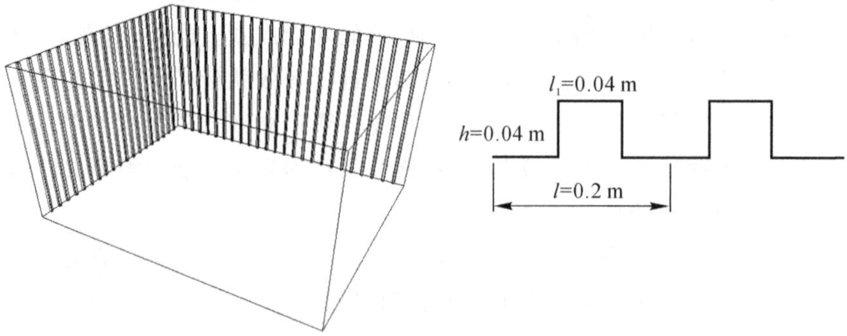

图 4－19　精细房间模型及周期结构尺寸示意图

表 4－1　房间壁面及周期结构的假设吸声系数

频率/Hz	63	125	250	500	1 000	2 000	4 000
吸声系数	0.05	0.06	0.07	0.08	0.09	0.10	0.11

需要注意的是，周期结构起散射作用的是其整体，在理想状况下，周期结构的每个构成面应该是平滑的，声波在这些面上不会发生散射作用，但实际中即使看上去光滑的一个平面也会由于微观上的不平整而对声线产生一定的散射作用，这也是基于几何声学的声场数值模拟方法加入散射因素后精度更高的原因。此处的精细模型实际上已经包括了周期结构的几何形状，而且这里的主要目的是研究周期结构的等效方法，因此对精细模型进行计算时，每个面的散射系数设置为 0（即所有反射均为镜面反射）。经过计算，得到的精细模型的音质参数见表 4－2。

表 4－2　精细模型的音质参数

频率/Hz	63	125	250	500	1 000	2 000	4 000
EDT/s	1.99	1.62	1.35	1.15	0.99	0.87	0.77
D_{50}	0.37	0.38	0.41	0.43	0.45	0.49	0.61

在计算得到精细模型的音质参数之后，建立了精细模型的等效模型，如图 4－20 所示。在等效模型中，两个壁面上的周期结构被等效为平面，其他壁面则保持不变，其尺寸与精细模型的整体尺寸相同，为 3 m×4 m×5 m。

在利用复杂场景中的多重声反射跟踪算法对此等效模型进行计算时，需要将等效面的散射系数设置为原始周期结构的散射系数，此处用前面推导的 BMM 数值计算模型对周期结构的散射系数进行计算，结果见表 4－3。将等效面的散射系数设置为原始周期结构的散射系数之后，即可对音质参数进行计算，结果见表4－4。

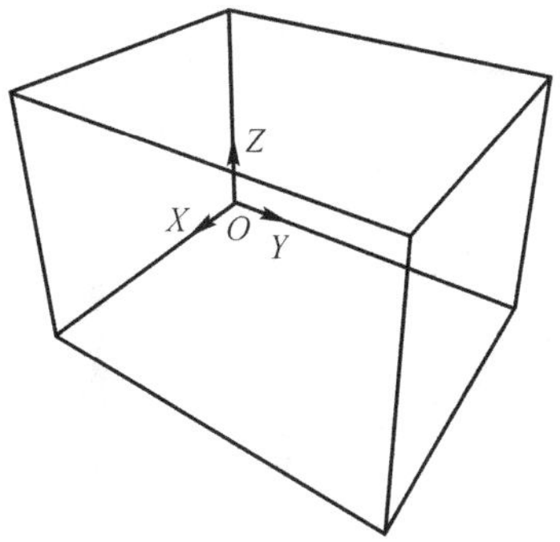

图 4－20　精细模型中周期结构等效为平面的等效模型

另外，为了对比分析等效的正确性，此处还对另一个模型进行了计算，该模型的几何形状、尺寸与图 4－20 中的等效模型相同，但是散射系数并没有设置为周期结构的散射系数，即模型为一个简单的、不考虑散射的六面体，称之为简化模型，其音质参数的计算结果可见表 4－5。从表 4－2、表 4－4、表 4－5 来看，等效模型的计算结果与精细模型十分接近，而简化模型的结果差距要大一些。为了更直观地分析等效模型的误差，将三种不同模型的计算结果作图（见图 4－21），以精细模型的结果为标准结果，图中也显示了等效模型及简化模型的相对误差。

表 4－3　BMM 计算所得周期结构的散射系数

频率/Hz	63	125	250	500	1 000	2 000	4 000
散射系数	0.000 9	0.001 2	0.001 7	0.003 9	0.168 4	0.393 1	0.713 7

表 4－4　等效模型的音质参数

频率/Hz	63	125	250	500	1 000	2 000	4 000
EDT/s	2.17	1.73	1.49	1.24	1.09	0.93	0.79
D_{50}	0.31	0.35	0.37	0.40	0.41	0.42	0.57

表 4－5　简化模型的音质参数

频率/Hz	63	125	250	500	1 000	2 000	4 000
EDT/s	2.36	1.89	1.57	1.33	1.15	0.98	0.86
D_{50}	0.31	0.34	0.37	0.39	0.39	0.41	0.53

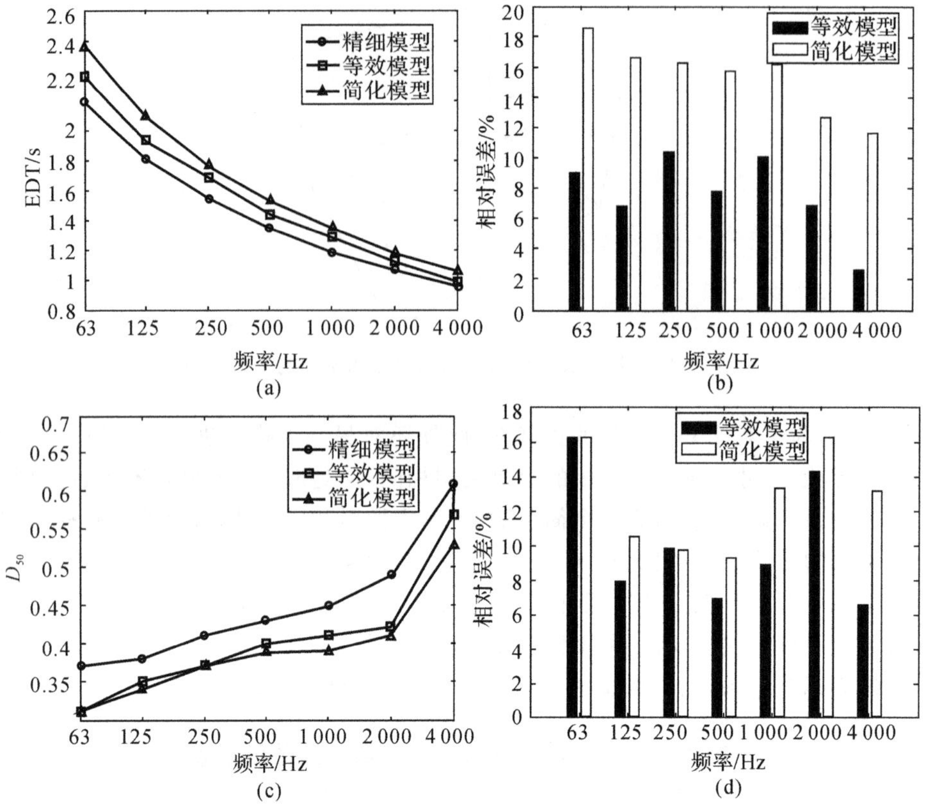

图 4-21 等效模型及简化模型与精细模型的音质参数对比

(a)三种模型的 EDT； (b)等效模型及简化模型 EDT 的相对误差；

(c)三种模型的 D_{50}； (d)等效模型及简化模型 D_{50}的相对误差

从图 4-21 中的对比来看，对于 EDT，精细模型在各个频率上的值最小，等效模型的值比精细模型略大，两者之间的相对误差基本都在 10%之内，而且较高频率处的误差较小；对于 D_{50}，精细模型的清晰度数值最大，等效模型的数值略低一些，但是大多数频率的相对误差也小于 10%，同时，与 EDT 的误差变化趋势相似的是，在高频处的等效效果更好一些。相比之下，未考虑散射的简化模型的计算结果显然要差很多，EDT 及 D_{50}的相对误差均较大。这些分析说明本章提出的周期结构在室内声场数值模拟中的等效方法精度良好。在经过等效之后，等效模型可以较为准确地模拟精细模型，而且在较高频率处效果更好。

在计算效率方面，等效方法也可以有效地减少计算时间，精细模型计算时间约为 210 s，而等效模型计算时间仅约为 20 s，计算效率得到了明显的提高。这主要是因为经过等效之后，几何模型中面的数量得到了大幅度降低，精细模型具有 125 个面，而等效模型仅有 6 个壁面，跟踪算法中声线与壁面相交的计算量大大降低。

参 考 文 献

[1] 杜功焕,朱哲民,龚秀芬.声学基础[M].2版.南京:南京大学出版社,2001.

[2] 张雄,刘岩.无网格法[M].北京:清华大学出版社,2004.

[3] 马大猷.噪声与振动控制工程手册[M].北京:机械工业出版社,2002.

[4] KUTTRUFF H. Room acoustics[M]. 5th ed. London: Spon, 2009.

[5] 曾向阳.声场视听一体化原理及应用[M].西安:西北工业大学出版社,2007.

[6] 王海涛,曾向阳.室内声学定位与识别[M].西安:西北工业大学出版社,2018.

[7] 王海涛,曾向阳.周期结构声散射系数的无网格数值计算方法[J].计算物理,2013,30(2):229-236.

[8] 龚家元,安俊英,马力,等.边界元奇异与近奇异数值积分方法及其应用于大规模声学问题[J].声学学报,2016,41(5):768-775.